U0416892

走进生态文明

刘书越　编著

河北大学出版社
·保定·

ZOUJIN SHENGTAI WENMING
走进生态文明

出 版 人：朱文富
责任编辑：徐延风
装帧设计：张彦琪
责任校对：苏安邦
责任印制：常 凯

图书在版编目（CIP）数据

走进生态文明 / 刘书越编著 . -- 保定 : 河北大学出版社 , 2023.1（2024.11 重印）
ISBN 978-7-5666-2054-5

Ⅰ . ①走… Ⅱ . ①刘… Ⅲ . ①生态文明 – 中国 – 文集 Ⅳ . ① X321.2-53

中国版本图书馆 CIP 数据核字 (2022) 第 121099 号

出版发行：河北大学出版社
地址：河北省保定市七一东路 2666 号　邮编：071000
电话：0312-5073019　0312-5073029
邮箱：hbdxcbs818@163.com　网址：www.hbdxcbs.com
经　　销：全国新华书店
印　　刷：保定市正大印刷有限公司
幅面尺寸：170 mm × 240 mm
印　　张：13
字　　数：180 千字
版　　次：2023 年 1 月第 1 版
印　　次：2024 年 11 月第 2 次印刷
书　　号：ISBN 978-7-5666-2054-5
定　　价：52.00 元

如发现印装质量问题，影响阅读，请与本社联系。
电话：0312-5073023

新时代新知识丛书

编委会

主　　任　康振海

副主任　彭建强　肖立峰

委　　员　谢　强　刘书越　李　靖　吴景双

杨春娟　陈　刚　陈　静

前　　言

习近平总书记在纪念马克思诞辰200周年大会上曾引用马克思的名言："理论一经掌握群众，也会变成物质力量。"[①]理论"掌握群众"不会自发形成，而是需要经过一个宣传普及的过程。新中国成立前，艾思奇先生用生动通俗的语言阐述马克思主义哲学原理，撰写了著名的通俗读物《大众哲学》，推动了马克思主义在全党乃至整个社会的普及。该书对马克思主义在我国的传播产生过很大影响，可以说影响和教育了几代人。韩树英先生1982年出版的《通俗哲学》，对改革开放初期广大青年及党政干部等自学哲学同样曾发挥过重大的作用。

建设美丽中国是新时代的重大任务。中国特色社会主义已经进入了新时代，习近平新时代中国特色社会主义思想是建设社会主义现代化强国、实现民族伟大复兴中国梦的指导思想。建设富强民主文明和谐美丽的社会主义现代化强国，必须坚持用习近平生态文明思想武装全国人民的头脑，在全社会普及生态文明知识，宣传马克思主义人与自然关系思想，不断加快我国生态

① 习近平：《在纪念马克思诞辰200周年大会上的讲话》，《光明日报》2018年5月4日。

◎ 美丽中国天安门

文明建设步伐。在推进马克思主义中国化、时代化的今天，如何向艾思奇、韩树英等哲学大家学习，用通俗易懂的语言做好生态文明建设理论的宣传与普及，已成为摆在广大社科理论工作者面前的一项极具现实意义的实践课题。

同时，顺应世界的潮流，回答新时代之问，加强生态文明建设，打赢污染防治攻坚战，建设美丽中国的伟大实践，也要求我们努力在全社会积极普及生态文明理念，加大习近平生态文明思想的学习研究和贯彻力度，提高广大干部群众对生态文明重要性的认识，传播生态文明基本知识，普及先进生态文明思想，介绍生态文明建设的成功范例，增强全社会积极参与生态文明建设的信心和恒心。这既是宣传思想战线的一项重要任务，也是社科工作者义不容辞的历史责任。于是，河北省社会科学院、河北省社会科学联合会决定编辑出版《走进生态文明》一书。

本书共分六章，主要围绕什么是生态文明、为什么建设生态文明、建设什么样的生态文明和怎样建设生态文明等习近平生态文明思想的核心内容，和广大干部群众普遍关心的问题展开。作为河北省社会科学院、河北省社会

◎ 鲜花盛开向未来

科学联合会组织，河北作者负责撰写，主要面向本省读者的生态文明理论读物，本书也结合习近平总书记重要批示肯定并亲自视察的我国生态文明建设生动范例——塞罕坝，阐述了塞罕坝生态文明范例的丰富内涵和塞罕坝精神的主要内容及其时代价值，回答了新时代我们应该如何弘扬塞罕坝精神，再造千万塞罕坝，加快美丽中国建设步伐等问题。这样做既接地气，也有助于讲好生态文明建设的河北故事，增强全省广大干部群众建设经济强省美丽河北的信心、决心和恒心。

由于习近平生态文明思想内容博大精深，我国生态文明建设伟大实践又日益丰富多彩，加之作者水平有限，时间又较紧，本书论述不一定全面，甚至存在一些欠缺和不周，敬请各位读者批评指正。

刘书越

2022年11月于石家庄

目　　录

第一章　什么是生态文明？

“走进生态文明”首先要弄明白什么叫文明、人类都有哪些文明、生态文明从哪里来的，以及迄今为止人类社会先后经历了几种文明形态等最基本的问题。在这里，笔者将一一道来。

一、文明的概念和人类文明进步的历史足迹

自从我们人类在地球上诞生之后，就开始了创造文明、传承文明、发展文明的伟大历程。我们平时说的“文明”，一般是指人类在处理自然、社会和自身关系的过程中所留下的痕迹与成果。文明共有三种含义：一是指文化，即“人类在社会历史发展过程中所创造的物质财富和精神财富的总和”，有时特指精神财富，如文学、艺术、教育、科学等；二是形容社会发展到较高阶段和人们具有较高文化；三是旧时曾特指具有西方现代色彩的风俗、习惯、事物等。

文明指人类社会的进步状态，它与“野蛮”相对，是历史发展过程中，人类探索未知，改造物质世界和社会及人类自身，与自然、社会和人类自身

相适应与协调成果的总和。文明的内涵十分丰富，可以用在多种场合，但总体来说可以分为狭义和广义两大视角。狭义的文明，指的是人与人之间文明而非野蛮的关系，即讲文明、讲礼貌层面的“文明”。而广义的文明，则是指人类社会不断发展进步的一种状态，是人类在社会发展过程中形成的物质、精神、政治、文化和生态成果的总和。

人类文明是不断进步的，不是一成不变的。文明随着人类社会发展进步而升级，它的内容与形式也随着历史发展和人类认知的扩大而不断丰富与发展。迄今为止，人类社会先后经历了原始文明、农业文明、工业文明三种主要文明形态。其中，农业文明是以手工工具生产为标志，以农业的生产和农产品的流通和加工为主的文明形态；工业文明则是以工业化为重要标志，以机械化大生产占主导地位的一种现代社会文明状态。人类文明形态的每一次进步，都给人类生产生活带来巨大而深刻的影响。不同的文明代表着人类文明的不同方面和类型，它们之间相互促进、相互依存。文明的内容随着历史发展和人类认知的增加而日趋丰富和完善。目前，人类社会正在迈向第四种新文明形态，即生态文明。

原始文明时期人类对自然依附并崇拜。原始文明是人类社会经历过的最早文明形态，始于人和猿猴揖别的瞬间。考古发现和历史研究证明，人类发源于蒙昧时代。当时的人们茹毛饮血，主要靠采集果实、渔猎为生，以迁徙、直接获取自然物而生存，种植、养殖几乎都谈不上，最多处于萌芽状态。洞居或巢居是当时人类典型的生活特点，顶多利用一下石头、木棍等大自然的工具获取食物等生活必需品，“食不果腹，衣不蔽体”是一种生活常态。对于原始人而言，如何存活下去是最大问题。自然界长期处于强势状态，人类主要是适应自然、依附自然。在这一长达数万年的文明时代，人们为生存而顽强与自然抗争，时刻面临洪水、猛兽、疾病、饥饿、严寒、酷暑、地震等的侵扰，寿命普遍较短、生活质量差，新生儿夭折率高，经常面临死亡的威胁。这是人类痛苦的“童年”，通常被我们称为原始文明。它是人类文明的第一阶

◎ 原始生活场景图

段，漫长而又艰辛。

原始文明是有人类以来延续时间最长的文明，在这几百万年的摸索与奋斗过程中，人类逐渐掌握了用火等，学会了原始的简单养殖和种植，使得从自然界中相对独立出来的原始人类，摆脱了对自然的严重依赖，一步步迈向一个全新的文明。这个文明就是农业文明。

原始社会末期，人们在长期生活中发现一些植物的种子可以生根发芽，然后长出新的果实，于是尝试着进行种植；鸡、鸭、猪、牛、羊、犬等比较温顺的动物，小的可以长大，大了还可以繁殖后代，于是开始试着进行养殖。原始农业的出现，使人类文明具备了升级换代的物质基础，人类社会逐渐进入到了农业文明时代。

在农业社会，土地肥沃地区生活的人们主要依靠种植粮食为生，视耕地为命根子。他们刀耕火种，春种秋收，艰难地维持着生计，实现着人类的繁衍发展，逐渐摸索出许多农作物的生长规律和家禽家畜的成长特性，形成了原始的农业文明，为人类社会的存在和社会文明的发展提供了必要的物质基础。畜牧业在草原地区比较发达，只是大多是靠天收，水草丰盛时随季节转场放牧往往是很多地方的习惯做法。这两种民族群体，在史学家那里分别被称为“农耕民族”和“游牧民族”。江河湖海周边，虽也有渔猎之事，但还不能作为生存发展的主业，因此不存在大规模的渔民群体。

农业文明在我国有长达几千年的发展史，可以说我们所讲的中华五千年文明史，几乎都属于农业社会史。勤劳智慧的中国人民，在这一漫长的农业社会期间，创造了灿烂的中华文明，形成了以指南针、造纸术、火药和活字印刷术“四大发明”为代表的古代科学技术，以大运河、万里长城、都江堰、赵州桥、坎儿井等为代表的举世闻名的古代工程，特别是以北魏贾思勰的《齐民要术》和明代徐光启的《农政全书》、宋应星的《天工开物》、李时珍的《本草纲目》等为代表的农业科技成果，成为世界农业发展的丰碑，有的还被誉为“中国古代农业百科全书”，至今为国内外学者所珍视，为我们所骄傲自豪。

小知识：

我国古代四部代表性涉农科技著作

1.《齐民要术》：北魏贾思勰撰。约成书于公元533—544年，是中国完整保存至今最早的一部农书。全书92篇，分10卷，分别论述各种作物、蔬菜、果树、竹木的栽培，家畜、家禽的饲养，农产品加工和副业等，比较系统地总结了黄河中下游地区丰富的农业生产经验。书中所载旱农地区的耕作和谷物栽培方法、梨树提早结果的嫁接技术、树苗的繁殖、家畜家禽的去势肥育技术，以及多种农产品加工的经验，都显示出当时中国农业生产水平已达到相当高度。

2.《农政全书》：明代徐光启撰。徐光启逝世后六年，由陈子龙等整理编定，于崇祯十二年（1639年）刊行。全书60卷，70多万字，分为农本、田制、农事、水利、农器、树艺、蚕桑、蚕桑广类、种植、牧养、制造、荒政等十二门，其中水利和荒政占篇幅较多。本书辑录大量前代和当时的文献，也提出作者的心得与见解，是明代重要的农业科学巨著。

3.《天工开物》：明代宋应星著。初刊于崇祯十年（1637年）。分三编，较全面系统地记述了中国古代农业和手工业的生产技术及经验，并附有大量插图。上编包括谷类和棉麻栽培、养蚕、缫丝、燃料、食品加工、制盐、制糖等；中编包括制造砖瓦、陶瓷、钢铁器具，建造舟车，采炼石灰、煤炭、硫黄、燔石，榨油，制烛，造纸等；下编包括五金开采及冶炼，兵器、火药、朱墨、颜料、曲药的制造和珠玉采琢等。对原料的品种、用量、产地、工具构造和生产加工的操作过程等记载都很详细。作者通过实地观察研究，对古代的生产技术成就进行了总结，具有重要的科学价值。

4.《本草纲目》：明代李时珍著。成于万历六年（1578年）。全书52卷，分16部、60类。载药1892种。每种药物，以“释名”确定名称；“集解”叙述产地、形态、栽培及采集方法；“辨疑”“正误”考订药物品种真伪和纠正文献记载错误；“修治”说明炮制法；“气味”“主治”“发明”分析药物的性味与功用；“附方”搜集古代医家和民间流传方剂1.1万余首。并附1100余幅药图。内容极为丰富，系统地总结了中国16世纪以前的药物学知识与经验，是中国药物学、植物学等的宝贵遗产，对中国药物学的发展起着重大作用。刊于万历二十四年，复刻甚多，并有多种外文译本在国外流传，为世界药物学者、植物学者以及其他学者所重视。

欧洲社会在经历了漫长而又黑暗的中世纪后，经过文艺复兴的洗礼与启蒙，人类文明迎来了新的曙光，那就是随着蒸汽机等的发明与广泛应用，人类开始迈入一个新的时代，即工业文明时代。蒸汽机的出现曾引起了18世纪的工业革命。直到20世纪初，它仍然是世界上最重要的原动机，后来才逐渐让位于内燃机和汽轮机等。

距今200多年前的1776年，英国人詹姆斯・瓦特（James Watt，1736—1819年）作为近代英国著名发明家，第一次工业革命的重要推动者，在前人探索实践的基础上，研究发明了第一台有较大实用价值的蒸汽机。后来，经过一系列的重大改进，瓦特发明的蒸汽机在工农业生产中发挥出惊人的作用。瓦特这一发明开辟了人类利用能源的新纪元，人类从此进入到“蒸汽时代”。它为后来火车、汽车、轮船、飞机，乃至电的使用奠定了基础，是一项影响深远划时代的重大科技革命。

瓦特蒸汽机发明的重要性是巨大的，难以估量的。蒸汽机引起了工业生产的革命，现代大工业开始代替传统手工业。它被广泛地应用在工厂，几乎成为所有机器的动力，改变了人们的工作生产方式，极大地推动了技术进步并拉开了工业革命的序幕，人类社会从此开始进入到工业文明时代，人与自然的关系也掀开了新的一页。

进入工业文明时代，人类的社会生产能力得到极大提升，社会财富极大丰富。在马克思、恩格斯生活的19世纪，欧洲资本主义工业文明迅速发展，社会财富被空前地生产出来。马克思、恩格斯在《共产党宣言》中指出：“资产阶级在它的不到一百年的阶级统治中所创造的生产力，比过去一切世代创造的全部生产力还要多，还要大。自然力的征服，机器的采用，化学在工业和农业中的应用，轮船的行驶，铁路的通行，电报的使用，整个整个大陆的开垦，河川的通航，仿佛用法术从地下呼唤出来的大量人口，——过去哪一个世纪料想到在社会劳动里蕴藏有这样的生产力呢？”①马克思去世后的100多年里，尤其是第二次世界大战之后，人类社会又先后经历了电气化、信息化、智能化时代，工业文明所蕴含的巨大能量得到了进一步的充分发挥。

① 中共中央马克思恩格斯列宁斯大林著作编译局：《马克思恩格斯选集》（第一卷），人民出版社，2012，第405页。

然而，资本主义社会的蓬勃发展，表面繁荣的背后，却是以资源浪费和环境污染为主要标志的生态危机为代价。工业文明在创造巨大社会财富的同时，也使人与人的关系、人与自然的关系空前紧张，社会矛盾、生态问题此起彼伏，特别是资源环境问题严重制约着人类社会的持续健康发展。时代呼唤着一种更高级的文明形态，即人与自然和谐的生态文明出现。

二、生态文明生于忧患

正如习近平总书记指出的那样："工业化进程创造了前所未有的物质财富，也产生了难以弥补的生态创伤。杀鸡取卵、竭泽而渔的发展方式走到了尽头，顺应自然、保护生态的绿色发展昭示着未来。"[①]在此，习近平总书记深刻揭示了生态文明诞生的时代背景和历史趋势。

工业革命以来，人与自然的关系发生了深刻变化，逐渐由人对自然的依赖为主，演变为人与自然的对立、斗争与征服，人开始感觉到自己的力量之强大，甚至产生了为所欲为、无所不能的"人定胜天"思想，重整山河、战天斗地的情怀满满，行动多多。然而，人在自然面前很快就败下阵来，一系列的所谓"征服""改造"都遭到了大自然的惩罚和报复，产生了一系列的生态环境危机事件，严重损害了人的健康与生命财产利益。

小知识：

世界历史上的"八大污染事件"

1. 马斯河谷烟雾事件。比利时马斯河谷工业区长24千米，河谷两侧山高90米左右，曾经分布着许多炼焦、炼钢、电力、玻璃、炼锌、硫酸、化肥等重化企业，还有石灰窑炉。

---

① 习近平：《共谋绿色生活，共建美丽家园》，人民网2019年4月29日。

1930年12月1—5日，整个比利时大雾笼罩，气候反常，马斯河谷上空出现了很强的逆温层，雾层尤其浓厚。在逆温层和大雾共同作用下，马斯河谷工业区内13个工厂排放的大量烟雾弥漫在河谷上空无法扩散，有害气体在大气层中越积越厚，其积存量接近危害健康的极限。第三天开始，在二氧化硫和其他几种有害气体以及粉尘污染的综合作用下，河谷工业区有上千人发生呼吸道疾病，一个星期内就有近60人死亡，是同期正常死亡人数的十多倍。死者大多是年老和有慢性心脏病与肺病的患者。许多家畜也未能幸免于难，纷纷死去。尸体解剖结果证实：刺激性化学物质损害呼吸道内壁是致死的原因。

这次事件曾轰动一时，虽然日后类似这样的烟雾污染事件在世界很多地方都发生过，但马斯河谷烟雾事件却是20世纪最早记录下的大气污染惨案。

2. 美国洛杉矶光化学烟雾事件。这是一起世界有名的公害事件。洛杉矶位于美国西南海岸，西面临海，三面环山，是个阳光明媚、气候温暖、风景宜人的地方。但在1943年5—10月，却因大量汽车废气在紫外线作用下所致，发生了严重的光化学烟雾污染，造成大多数居民出现眼睛红肿、喉痛、咳嗽等症状，65岁以上老人有近400人死亡。

3. 美国多诺拉烟雾事件。1948年10月26—30日，美国宾夕法尼亚州多诺拉镇大气中的二氧化硫及其他氧化物与大气烟尘共同作用，生成硫酸烟雾，使大气严重污染，4天内42%的居民患病，17人死亡。

4. 英国伦敦烟雾事件。1952年12月5—8日，英国首都伦敦因居民和工厂燃煤排出大量二氧化硫和烟尘，并在逆温条件下致使大气中烟尘达4.46 mg/m^3，二氧化硫达3.8 mg/m^3，居民出现喉痛、咳嗽、胸闷、头痛、呼吸困难、眼睛刺激等症状，导致5天内死亡4000多人。

5. 日本四日市哮喘病事件。1955—1961年，日本四日市因能源使用含硫量高的重油，大气污染严重，二氧化硫和烟尘含量很高，导致支气管哮喘发病率剧增。

6. 日本痛痛病事件。此事件又称富山事件、骨痛病事件。1955—1968年，日本富山县神通川流域锌、铅冶炼工厂排放含镉（Cd）废水污染了神通川水体。人们食用河水及用河水灌溉农田的稻米后，导致痛痛病，其症状为腰、背、膝关节疼痛，骨骼严重畸形、骨脆易折。1955—1968年共有患者258人，其中207人死亡。

7. 日本水俣病事件。1956年日本熊本县水俣湾某化工厂将含有大量氯化汞和硫酸汞的工业废水排入水俣湾并形成甲基汞，造成鱼贝中毒，人食用含甲基汞的鱼贝类后导致中枢神经甲基汞中毒症。中毒居民283人，其中60人死亡。水俣病的主要症状为面部呆滞、全身麻木、口齿不清、步态不稳，进而耳聋失明，最后精神失常，全身弯曲，高叫而死。

8. 日本米糠油事件。1963年3月，在日本北九州市爱知县一带，由于生产米糠油过程中管理不善，造成多氯联苯混入米糠油中，人们食用了这种污染油后，酿成1.3万多人中毒、数十万只鸡死亡的严重污染事件。

20世纪30至60年代，因现代化学、冶炼、汽车等工业的兴起和发展，工业“三废”排放量迅速增加，人与自然矛盾的加剧，环境污染和破坏事件频频发生，在工业革命发源地西欧及美国、日本，先后出现了包括比利时马斯河谷烟雾事件等在内的“八大污染事件”。这些生态危机震惊世界，影响深远，教训深刻。

二战后的最初10年，是日本的经济复苏时期。日本人在陶醉成为经济大国的同时，却没有多少人会想到肆虐环境将带来的灭顶之灾。正是由于这种急功近利的态度，20世纪中叶发生的世界8件重大公害事件中，日本就占了4件。

当然，这些事件发生的原因，也和污染发生地的特殊地形、地貌和气象条件（包括逆温层出现，或者低温、高湿和少风的气象条件等）具有一定的关系，或者说在工业废气大量产生的背景下，如果疏散不及时，往往会加剧污染，甚至形成污染事件。

小知识：

逆温层与空气污染

一般情况下，在低层大气中，气温是随高度的增加而降低的，但有时会出现相反的情况，即气温随高度的增加而升高，这种现象称为逆温，出现逆温现象的大气层称为逆温层。在逆温层中，较暖而轻的空气位于较冷而重的空气上面，形成一种极其稳定的空气层，就像一个锅盖一样，笼罩在近地层的上空，严重地阻碍着空气的对流运动。由于这种原因，近地层空气中的水汽、烟尘以及各种有害气体，上天无路，入地无门，只有飘浮在逆温层下面的空气层中形成云雾，降低能见度，严重的可使空气中的污染物不能及时扩散开去，加重大气污染，给人们的生命财产带来危害。近现代世界上所发生的重大公害事件中，50%以上与逆温层的影响有关。

历史呼唤着新的文明时代的到来。由工业文明引起，不断发生的一系列生态环境危机事件，都造成了不同程度的人员伤亡和财产损失。这引起了全球的关注，它迫使人类重新审视人与自然的关系，重新确立人类生存的终极价值，重新审视曾经带来巨大财富与进步的生产生活方式。这为新的文明的产生提供了土壤。生态文明作为一个新的文明形态，正是在人类反思工业文明的生态弊端过程中逐渐产生的。

生态文明这种新型文明是工业文明发展到一定阶段的必然产物，是人类社会文明发展进步的重大成果。它以实现人类社会与自然环境的和谐发展为主旨，反映了人类长期以来认识自然发展规律所取得的积极成果，是人类对工业社会以来的生态环境问题进行反思的理论与实践成果，代表了人类文明发展进步的方向和趋势，是对工业文明时代人与自然关系的扬弃，和对人类尊重自然、顺应自然规律传统主张的弘扬与回归。

生态文明是在工业文明的强力推动下，人类社会发展到一定阶段逐渐孕育形成发展起来的，是作为工业文明的升级换代面孔呈现出来的。20世纪60年代以前，人类对于战胜自然的信心十分坚定，相信只要依靠科学技术，就能对自然界毫无节制地为所欲为。一系列环境公害事件，虽然在20世纪30年代起就开始发生，但直到60年代之后，人类才真正对此高度关注起来。只是人们对环境问题的最初关注还大多停留在就事论事阶段，充其量也只是关注工业发展造成的污染问题，直到20世纪60年代才因一本书的出版而发生质变。

1962年，美国女海洋生物学家蕾切尔·卡逊（Rachel Carson）出版了一部引起很大轰动的环境科普著作《寂静的春天》。作者运用食物链网的生态学原理揭示了农药的危害性，提出农药不仅毒害害虫，而且也毒害鸟类，危及人类的身体健康，甚至危及子孙后代。她向人们描绘了由于农药污染所带来的可怕的生态危机，惊呼人们将失去“春光明媚的春天”，人类可能将面临一个没有鸟、蜜蜂和蝴蝶的世界。

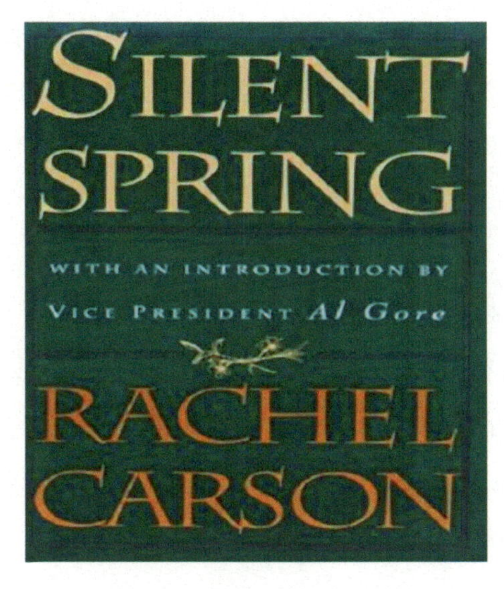

◎《寂静的春天》

她在书中写道："当人类向着他所宣告的征服大自然的目标前进时，他已写下了一部令人心痛的破坏大自然的记录，这种破坏不仅仅直接危害了人们所居住的大地，而且也危害了与人类共享大自然的其他生命。"①该书的问世，像平地一声惊雷，给人们敲了警钟，由此而引发了一场持久的绿色和平运动。

《寂静的春天》是人类生态文明发展史上的一本重要著作，对全世界环境保护事业具有重大意义。这本书把环境问题提到新的高度，将环境保护问题提到了各国政府面前，在世界范围内引发了人们关于发展观念的争论。各种环境保护组织纷纷成立，从而促使联合国于1972年6月在斯德哥尔摩召开了人类环境大会，并由各国签署了《人类环境宣言》。在这次会议上，首次将环境问题提到事关人类生死存亡的全球高度，而联合国环境规划署就是根据这次大会的建议成立的，从此开始了全球范围的环境保护事业。同年，罗马俱乐部向国际社会提交了一份令全球震惊的研究报告——《增长的极限》。报告第一次提出了增长是有极限的，并用发展的概念取代了增长的概念，还用动态平衡规律取代了单纯增长原则。该报告认为，地球上的各种能源和资源是有限的，为了支撑未来长远的发展，人类必然走有机增长的道路，建立稳定的生态平衡和经济增长，以达到全球均衡，从而使世界成为一个和谐一致的整体。之后，绿色和平运动开始进入了高潮。

小知识：

20世纪70—80年代重大环境事件

1. 北美死湖事件。美国东北部和加拿大东南部是西半球工业最发达的地区，每年向大气中排放二氧化硫2500多万吨，其中约有380万吨由美国飘到加拿大，100多万吨由加拿大飘到美国。20世纪70年代开始，这些地区出现

① ［美］蕾切尔·卡逊：《寂静的春天》，吕瑞兰等译，吉林人民出版社，1997，第73页。

了大面积酸雨区，酸雨比番茄汁的酸度还要高，多个湖泊池塘漂浮死鱼，湖滨树木枯萎。

2. 卡迪兹号油轮事件。1978年3月16日，美国的超级油轮“亚莫克·卡迪兹号”满载伊朗原油向荷兰鹿特丹驶去，航行至法国布列塔尼海岸触礁沉没，漏出原油22.4万吨，污染了350千米长的海岸带。仅牡蛎就死掉9000多吨，海鸟死亡2万多吨。海事本身损失1亿多美元，污染的损失及治理费用则达5亿多美元，而给被污染区域的海洋生态环境造成的损失更是难以估量。

3. 库巴唐“死亡谷”事件。巴西圣保罗以南60千米的库巴唐市，20世纪80年代以“死亡之谷”知名于世。该市位于山谷之中，20世纪60年代引进炼油、石化、炼铁等外资企业300多家，人口剧增至15万，成为圣保罗的工业卫星城。企业主只顾赚钱，随意排放废气、废水，谷地浓烟弥漫、臭水横流，有20%的人得了呼吸道过敏症，医院挤满了接受吸氧治疗的儿童和老人，使2万多贫民窟居民严重受害。

4. 印度博帕尔事件。1984年12月3日凌晨，震惊世界的印度博帕尔公害事件发生。午夜，坐落在博帕尔市郊的美国联合碳化公司的农药厂因管理混乱，操作不当，致使地下储罐内剧毒的甲基异氰酸脂因压力升高而爆炸外泄。45吨毒气形成一股浓密的烟雾，以每小时5000米的速度袭击了博帕尔市区。1小时后有毒烟雾袭向这个城市，形成了一个方圆25英里的毒雾笼罩区。首先是近邻的两个小镇上，有数百人在睡梦中死亡。随后，火车站里的一些乞丐死亡。毒雾扩散时，居民们有的以为是“瘟疫降临”，有的以为是“原子弹爆炸”，有的以为是“地震发生”，有的以为是“世界末日的来临”。这一污染事件使20多万人双目失明，大量孕妇流产或产下死婴，数千头牲畜被毒死。博帕尔的这次公害事件是有史以来最严重的因事故性污染而造成的惨案。

20世纪70—80年代，世界范围内的重大污染事件屡屡发生，其中著名的有北美死湖、印度博帕尔事件等。再之后，随着世界各国工业发展，环境污染日益加重，先后出现了1986年苏联切尔诺贝利核事故、2000年罗马尼亚金矿氰化物污染事件和2005年中国松花江水污染事件等震惊世界的严重环境事件，标志着进入21世纪，生态问题从地域性向全球性演变更加明显，生态问题国际化日趋加剧。

小知识：

切尔诺贝利核事故等国际性污染事件

1. 切尔诺贝利核事故。切尔诺贝利核事故又简称“切尔诺贝利事件”，是发生在苏联统治下乌克兰境内切尔诺贝利核电站的核子反应堆事故。该事故被认为是历史上最严重的核电事故，也是首例被国际核事件分级表评为第七级事件的特大事故。目前为止第二例为2011年3月11日发生于日本福岛县的福岛第一核电站事故。

1986年4月26日凌晨1点23分，乌克兰普里皮亚季市邻近的切尔诺贝利核电站一组反应堆突然发生核漏事故，引起一系列严重后果。核反应堆全部炸毁，连续的爆炸引发了大火，并散发出大量高能辐射物质到大气层中，这些辐射物质随风飘散到丹麦、挪威、瑞典和芬兰等国。瑞典东部沿海地区10%的小麦受到影响，此外由于水源污染，使苏联和欧洲国家的畜牧业大受其害。当时预测，这场核灾难还可能导致日后十年中10万居民患肺癌和骨癌而死亡。

2. 罗马尼亚金矿氰化物污染事件。事件发生前，已有多次征兆。1995年罗马尼亚境内，一座金矿大坝坍塌，32亿升含氰化物污水排放到河中，造成周边大面积水域的鱼类死亡；1998年，7吨含氰化物的尾矿倾倒河流，造成大量鱼类死亡；1999年，两个金矿的氰化物污泥溢出，再次造成鱼类大片死亡……可是，各种征兆和多起环境污染事件的出现，并未引起罗马尼亚重视。

2000年1月30日深夜，罗马尼亚北部城市奥拉迪亚，连续的大雨使镇上

"乌鲁尔金矿"的氰化物废水大坝发生漫坝，10万多立方米的污水（含剧毒的氰化物及铅、汞等重金属）流入位于匈牙利境内的多瑙河支流蒂萨河，河中氰化物含量最高超过700倍，经多瑙河汇入黑海。毒水流经之处，几乎所有水生生物迅速死亡，河流两岸的野猪、狐狸等陆地动物纷纷死亡，植物大面积枯萎，一些特有生物物种濒临灭绝，引发居民终日恐慌，沿河地区进入紧急状态。由于氰化物和重金属的泄漏，地下水遭到污染，河流沿岸政府要为200万人提供安全的饮用水。农、林、牧、渔等产业也深受影响，渔民失业、奶牛死亡、农产品卖不出去，食品安全没有保障，即便半年以后人们也不敢取食河中的水产品。据生物专家估算，该领域的生态系统数十年无法得到修复。

由于河流污染，杀死了包括罕见的鲟鱼在内的各种鱼类、鸟类、浮游生物和哺乳动物，对生物多样性造成了不可逆转的严重破坏，使昔日蓝色的多瑙河瞬间变成了"死亡之水"。该事件不仅停摆了周边产业的发展，让渔民们生计难求，还威胁到周边居民的饮食安全。这场灾难被认为是自切尔诺贝利核事故以来欧洲最大的灾难性事件，也是21世纪以来世界上最严重的环境污染事故，被认定为全球六大毒物污染事件。

透过该事件，可以清晰地看到，全球环境保护合作不能缺失，沿岸各国对于流域环境治理、可持续发展有共同利益关系。蒂萨河、多瑙河途经罗马尼亚、斯洛伐克、乌克兰、匈牙利等国，属于国际性河流，维护多瑙河流域的可持续发展，需要各国通力合作。然而流域内各国在灾难发生前未就本国流域的水源质量、环境安全、自然生态等问题进行磋商和深入合作，灾难发生后也没有及时通报情况，上游国家"城门失火"，最终造成下游国家大面积生态灾难的"殃及池鱼"，这次灾难迅速演变为国际性的环境诉讼事件。这就警醒人们：面对全球生态环境污染，任何国家都无法独善其身，只有加强合作，才能有效应对。

对于跨国流域治理，不仅要成立专门议事协调机构，更要明确共同认可的若干重要原则。要履行共同但有区别的责任原则，各相关国既有共同保护环境资源的责任，又应考虑每个国家预防、应对和控制环境危害的能力。国际社会还应遵循睦邻友好与国际合作、污染者付费、代际公平等原则，以确保生态环境有效保护目标的顺利实现。

3. 松花江水污染事件。2005年11月13日，吉林石化公司双苯厂一车间发生爆炸。截至14日，共造成5人死亡、1人失踪，近70人受伤。爆炸发生后，约100吨苯类物质（苯、硝基苯等）流入松花江，造成了江水严重污染，沿岸数百万居民的生活受到影响。

正是一系列国际性环境公害事件频繁发生，和《寂静的春天》这本不寻常书的问世，让世界各国的人们在享受工业文明带来的财富与进步的同时，逐渐形成了推进建设生态文明的国际共识。它们打开了认识环境问题的天窗，扩展了人们的视野，引起巨大轰动，在世界范围内引起人们对野生动物的关注，引发了公众对环境问题的注意，使人类把环境污染和生态破坏联系在一起认识环境问题，唤起了人们的环境意识。面对全球生态危机这一有史以来从未出现过的灾难，人类需要开创一个新的文明形态来实现可持续发展。

1972年以来，《人类环境宣言》《里约环境与发展宣言》《二十一世纪议程》等有关环境问题的国际公约和文件相继问世，预示着人类的生态环境意识正在逐渐地觉醒，并开始找寻人类与自然和谐相处的途径。于是，生态文明在人类面临的前所未有的环境问题下孕育而生了，人类文明体系诞生了新成员，人类文明发展到了新阶段。可见，生态文明是建立在人类文明发展史的基础上，以人类和自然相互依存、和谐互动为中心的一种新的文明形态。生态文明时代的到来，既是历史发展的必然结果，也是人类社会发展的必然选择。一种以绿色为特征的新文明——生态文明的雏形，于20世纪70年代开始形成。

三、生态文明的基本概念和主张

生态文明作为人类文明家族的新成员，具有自己特定的含义和鲜明的特征。准确掌握其概念，对于我们学习理论、加强实践，建设美丽中国，加快中华民族伟大复兴都具有重要意义。

把握“生态文明”一词的内涵和外延，必须先清楚“生态”的含义。生态一词源于古希腊字，意思是指家或者人类生产、生活、生存的环境。生态是统一的有机整体，大自然是一个相互依存、相互影响的系统。生态是人类持续在地球上存活下来的基础，它赋予人们适宜栖居的空间，是人类进行物质生产、社会交往和精神活动，实现社会可持续发展所必备的外部环境和物质基础的总和。

生态环境是人类生存和发展的根基。如果人类社会连自已赖以生存所必需的空气、水源、食物、住所等都无法保证，人类将无法继续生存下去，更谈不上什么文明进步。可以说，生态环境的好坏直接影响着人类社会的兴衰演替。

生态文明的基本主张。生态文明是工业文明发展到一定阶段的产物，是实现人与自然和谐发展新要求的社会形态。生态文明以尊重和维护自然为前提，以人与人、人与自然、人与社会和谐共生、良性循环、全面发展、持续繁荣为基本宗旨，以保证生态平衡和生态安全的方式，构建社会制度，谋求文明进步和人类幸福。绿色是生态文明的底色，进入生态文明时代，黑色能源将转换为绿色能源，黑色技术将转变为绿色创新技术。因此，生态文明又被人们称为“绿色文明”。生态文明至少具有如下四项基本特征。

一是人与自然关系的和谐性。一部人类文明史就是一部人与自然的矛盾发展史。人与自然关系和谐是生态文明的基本主张。所谓生态文明，最根本的就是要追求人与自然和谐，实现人类社会的永续发展。生态文明在反思以往社会文明的基础上，坚持以人为本，以人与自然相和谐的途径，追求人类

◎ 石家庄公园一角——自然生态和谐图

社会的可持续发展；在更高境界上处理人与自然的关系，追求人与自然的和谐发展，并以人与人、人与社会的和谐共生为基础，最终实现人—自然—社会的和谐共生。它既追求人与自然的和谐，也追求人与人的和谐，而且人与人的和谐是人与自然和谐的前提。

二是生态系统的整体性。生态文明是立足于整体、全面、系统的社会形态，主张“人—自然—社会”三者之间是一个不可分割的整体，各部分之间的联系是有机、内在和动态发展的。人类社会系统整体性的最优化，实现“人—自然—社会”永续发展，是生态文明建设的最高目标。生态文明所关心的不是人类局部的、暂时的利益，而是人类社会系统整体的长远的利益。生态系统的整体性还体现在自然生态内部是一个有机整体，即动物、植物、微生物和无机物等的互相联系、互相支持，缺一不可性。这种整体性，有时还体现为一个食物链的完整性，体现了一种相互关系的闭环性。人只是大自然中的一种高级智能动物而已。大自然生态中缺少哪一个组成部分都是生态的缺陷，都会出现生态的失衡。现实中往往注重绿化、注重植物而忽视微生物，甚至拒绝动物的做法，也是不符合生态要求的，那样的生态建设成果最多属于低层次的生态平衡。只有“草长莺飞”的图景，动植物、微生物共处一体的形态，才符合“天人合一”、生态和谐的要求。

小知识：

生态整体和谐的古诗

村居

［清］高鼎

草长莺飞二月天，拂堤杨柳醉春烟。

儿童散学归来早，忙趁东风放纸鸢。

该诗是清朝诗人高鼎的名作，描写了一幅令人向往的人与自然和谐乡村美景：农历二月，青草渐渐发芽生长，黄莺飞来飞去，轻拂堤岸的杨柳陶醉在春天的雾气中。村里的孩子们早早就放学回家，赶紧趁着东风把风筝放上蓝天。“草长莺飞”四个字，把春天的景物写活，使读者仿佛感受到那种万物复苏、欣欣向荣的气氛，读者的眼前也好像涌动着春的脉搏。

三是人与自然关系的可持续性。人类可持续发展是生态文明的目标，也是人类的目标。生态文明以建立可持续的生产方式和消费方式为内涵，以引导人们走上持续、和谐的发展道路为着眼点，强调人的自觉与自律，强调人与自然环境的相互依存、相互促进、共处共融。它要求人们树立经济、社会与生态环境协调发展的新的发展观，以尊重和维护生态环境价值和秩序为宗旨，着眼于人类社会的可持续发展，强调在开发利用自然的过程中，人类必须树立人和自然的平等观，从维护社会、经济、自然系统的整体利益出发，在发展经济的同时，重视资源和生态环境的承载力，实现人与自然协调、可持续发展。

四是人与自然交往的低碳性。生态文明界比较流行的观点是，进入工业文明时代，人类从事工农业生产及日常生活，都会排出二氧化碳，而二氧化碳又是全球变暖的重要因素，且全球气候的变暖，将会带来极端气候频发等一系列灾害。因此，人类必须推进生产转型升级，过简约的生活，构建资源节约型、环境友好型社会，以减少二氧化碳等的排放，遏制环境恶化趋势，为全球生态改善作出努力。

中国作为一个负责任的大国，一直积极参与国际生态领域的交流与合作，为国际生态事业发挥了力所能及的作用，作出了举世公认的贡献，并宣布如下承诺：力争2030年前二氧化碳排放达到峰值，努力争取2060年前实现碳中和。到2030年，中国单位国内生产总值二氧化碳排放将比2005年下降65%以上，非化石能源占一次能源消费比重将达到25%，森林蓄积量将比2005年增加60亿立方米，风电、太阳能发电总装机容量将达到12亿千瓦。

小知识：

新时代中国低碳减排的庄严承诺

2020年9月22日，国家主席习近平在第七十五届联合国大会一般性辩论上发表重要讲话，指出要加快形成绿色发展方式和生活方式，建设生态文明和美丽地球。中国将提高国家自主贡献力度，采取更加有力的政策和措施，二氧化碳排放力争于2030年前达到峰值，努力争取2060年前实现碳中和。

2020年12月12日，国家主席习近平在气候雄心峰会上通过视频发表题为《继往开来，开启全球应对气候变化新征程》的重要讲话，再次宣布中国将提高国家自主贡献力度，采取更加有力的政策和措施，力争2030年前二氧化碳排放达到峰值，努力争取2060年前实现碳中和。并承诺：到2030年，中国单位国内生产总值二氧化碳排放将比2005年下降65%以上，非化石能源占一次能源消费比重将达到25%左右，风电、太阳能发电总装机容量将达到12亿千瓦以上，森林蓄积量将比2005年增加60亿立方米。

2021年1月25日，习近平在世界经济论坛“达沃斯议程”对话会上发表特别致辞：中国将全面落实联合国2030年可持续发展议程。加强生态文明建设，加快调整优化产业结构、能源结构，倡导绿色低碳的生产生活方式。力争于2030年前二氧化碳排放达到峰值、2060年前实现碳中和。

2021年3月11日，第十三届全国人民代表大会第四次会议批准“十四五”规划和2035年远景目标纲要，提出要积极应对气候变化，落实2030年应对气候变化国家自主贡献目标，制定2030年前碳排放达峰行动方案。完善能源消费总量和强度双控制度，重点控制化石能源消费。实施以碳强度控制为主、碳排放总量控制为辅的制度，支持有条件的地方和重点行业、重点企业率先达到碳排放峰值。推动能源清洁低碳安全高效利用，深入推进工业、建筑、交通等领域低碳转型。加大甲烷、氢氟碳化物、全氟化碳等其他温室气体控制力度。提升生态系统碳汇能力。锚定努力争取2060年前实现碳中和，采取更加有力的政策和措施。

2021年3月15日，习近平总书记主持召开中央财经委员会第九次会议并发表重要讲话强调，实现碳达峰、碳中和是一场广泛而深刻的经济社会系统性变革，要把碳达峰、碳中和纳入生态文明建设整体布局，拿出抓铁有痕的劲头，如期实现2030年前碳达峰、2060年前碳中和的目标。

生态文明的分类。在日常的工作和生活中，人们又根据需要，经常习惯性地把生态文明分为广义和狭义两大类。一类是从几千年人类的文明嬗变更迭的视角，认为生态文明萌生于工业文明的母体中，是对工业文明的扬弃，是人类文明的又一次重大进步和人类文明的凤凰涅槃与再造重生，体现了人类在人与自然关系认识和实践上的飞跃。另一类是立足当今社会，尤其是社会主义中国的实际，从人类文明系统的结构性来看，认为生态文明只是人类文明系统中的一个重要方面，是与人类创造的物质文明、政治文明、精神文明、社会文明等诸多文明形式相对而言的一大文明。

广义的生态文明，特指人类社会继原始文明、农业文明、工业文明后的一种新型文明形态。它吸取工业文明“向自然宣战”“征服自然”的人类中心主义对自然无节制索取、对环境肆意破坏的沉痛教训，开始重新审视人与自然的关系，主张尊重自然、顺应自然和保护自然的理念，追求人与自然的和谐共生，坚持走生态优先、绿色发展的高质量发展之路。

狭义的生态文明，指的是人类在处理与自然关系时所达到的文明程度，是社会文明的一个方面。它是人类为保护和建设美好的生态环境而取得的物质成果、精神成果和制度成果的总和，它贯穿于人类社会的经济、政治、文化和社会的全过程和各个方面，代表着一个社会的文明进步状态。

狭义的生态文明往往与物质文明、精神文明、政治文明和社会文明相提并论，被冠以“五大文明”称号。这一层面的生态文明，是社会文明的一个重要组成部分，同时处于基础地位。我们日常所说的“生态文明建设”，多是从狭义视角讲的。

“五大文明”的辩证关系。“五大文明”是互相联系和互相支撑的一个体系。各个子系统都具有自身独特的功能和价值，对社会发展起着十分重要的作用。物质文明为五个文明系统提供物质条件和物质动力；精神文明提供思想保证、精神动力和智力支持；政治文明提供政治保证、制度支持和法律保障；社会文明提供社会秩序基础、社会发展保障和社会组织支持；生态文明提供生态基础、环境条件和丰富的自然资源。

可以看出，在整个人类社会组成体系中，物质文明是基础，精神文明是灵魂，政治文明是保障，社会文明是归宿，生态文明是前提。只有“五位一体”协同推进和全面发展，才能实现人类文明的发展目标。

生态文明作为“五大文明”的前提，一旦缺失或者失衡，其他四个文明也将基础不牢，地动山摇，难以幸免于难。也就是说，没有生态安全，人类自身就会陷入生存危机。因此，生态文明建设不但要做好其本身的生态建设、环境保护和资源节约等，更重要的是要放在突出地位，融入其他四大建设之中。从结构内容上看，生态文明不仅包括其自身的生态环境文明，还应将生态文明的理念贯穿于物质文明、精神文明、社会文明和政治文明建设全过程。

四、生态文明体现中华优秀传统文化

习近平总书记指出："中华民族向来尊重自然、热爱自然，绵延5000多年的中华文明孕育着丰富的生态文化。"[①]中国古代朴素的生态思想强调天人合一、尊重自然，与现代生态文明理念相融相通，是我国生态文明建设的历史文化基因，彰显着中华文化的独具特色和智慧。中国传统思想文化源远流长，在几千年的演变发展中，最终形成了以儒家为主、佛道为辅的基本格局，并由此构成了中国传统文化的三大主干——儒、佛、道。

长期在我国占据统治地位的儒家思想就历来主张"天人合一"，认为自然界有其自身规律，"天行有常，不为尧存，不为桀亡。应之以治则吉，应之以乱则凶。强本而节用，则天不能贫；养备而动时，则天不能病；循道而不贰，则天不能祸"[②]，"人但物中之一物耳"（即人只不过是自然万物的一个罢了），要求以万物平等的中庸之道对待世界万物，按照自然规律对待自然界中的一

---

① 习近平：《推动我国生态文明建设迈上新台阶》，《求是》2019年第3期。

② 该句出自我国战国末期儒家思想家荀子的作品《荀子·天论》，意思为大自然的运行有其自身规律，这个规律不会因为尧的圣明或者桀的暴虐而改变。具体翻译如下：上天的运行有其规律性，不会因为圣君尧就存在，也不会因为暴君桀就灭亡了。用正确的治理措施适应大自然规律，事情就能办好；用错误的治理措施对待大自然，事情就会办糟。加强农业生产而又节约开支，那么天不可能使人贫穷；生活资料充足而又能适应天时变化进行生产活动，那么天也不可能使人生病；遵循规律而又不出差错，那么天也不可能使人遭祸。——作者注

切事物，追求人与人、人与自然和谐统一。儒家经典《论语·述而》中说“钓而不纲，弋（读音为yì,意思是用带绳子的箭射鸟）不射宿”。即钓鱼不要截住水流一网打尽，打猎不要射夜宿之鸟。《孟子·尽心上》中说“亲亲而仁民，仁民而爱物”，主张要爱护自己的同胞，爱护各类动物、植物，都体现了对人与自然关系的独特思考和生态智慧，和对动植物等自然资源施之以仁、永续利用的思想。

我们的先人，不但提出了丰富而独具特色的生态思想，而且在实践上也有很多探索。我国古代早就通过立法，形成了对生物资源按自然规律顺时取用、禁止灭绝种群等规定。上古时代夏禹执政时曾颁布的一条禁令规定：“春三月，山林不登斧，以成草木之长。夏三月，川泽不入网罟（读音为gǔ，“渔网”的意思），以成鱼鳖之长。”其大意是说：春天的三个月中，正是草木复苏、生长的季节，不准上山用斧砍伐林木，以利于山间林草更好地生长。夏季的三个月，不准用网罟在河湖中捕捞鱼鳖，以有利于它们繁衍生息。这些主张做法都充分体现了我国古代先人尊重自然、实现人与自然和谐相生的思想理念。

小知识：

“诸子百家”的生态思想

春秋战国时期（公元前770—前221年）是我国历史上一个百家争鸣、人才辈出、学术风气活跃的时代。这一时期的思想文化奠定了2000多年封建社会的基础。尤其是在思想、文化领域内产生的诸子百家学说，对中华民族几千年灿烂文化有着极其深远的影响，为千秋万代留下了极其宝贵的财富，为人类文化作出了极其巨大的贡献，突出的有儒家、法家、道家、墨家等。

中国古代文化中，人与自然的关系常常被表述为“天人关系”。西汉大儒董仲舒说：“天人之际，合而为一。”当代国学大师季羡林先生对此的解释是：天，就是大自然；人，就是人类；合，就是互相理解，结成友谊。在儒家看来，“人在天地之间，与万物同流”“天人无间断”。也就是说，人与万物一起生灭不已，协同进化。人不是游离于自然之外的，更不是凌驾于自然之上的，人就生活在自然之中。宋代大家程颐说：“人之在天地，如鱼在水，不知有水，只待出水，方知动不得。”即根本不能设想人游离于自然之外，或超越于自然之上。“天人合一”追求的是人与人之间、人与自然之间，共同生存，和谐统一。

◎ 世界自然与文化遗产——乐山大佛

我国古代思想的另一个重要流派道家，也有自己的生态思想。老子和庄子等是道家的代表人物，其代表作有《道德经》《庄子》等。道家认为大道无为，主张“道法自然”，提出道生法，自然法则不可违，人道必须顺应天道，人只能“效天法地”“清静无为”，将天之法则转化为人之准则。人不能违背自然规律，不妄为、不强为、不乱为，要因势利导地处理好人与自然的关系，通过效法自然的无为来实现人生。宇宙万物息息相通，相互联系，肆意掠夺和破坏自然必将引来自然的报复。

除儒家、道家之外，佛教在我国的影响同样相当深远。佛教是与基督教、伊斯兰教并称的世界三大宗教。佛教起源于印度，自从公元2世纪末传入中国后，经过长期的演化，早已在我国实现了中国化，成为民族信仰、传统文化的重要组成部分。“众生平等，天地同根”思想是佛教生态思想的集中体现。佛教认为，万物相互依赖、相互制约，要“爱护众生”，要对万物“慈悲为怀”，人类要尊重和珍爱自然界的有机生命以及无机物，要与其他生物共同构成和谐的生命体；主张慈悲为怀，反对任意伤害生命，反对杀生，提倡素食等一些具有实践意义的生态观。

在我国各民族人民流传千百年的习俗中，也具有丰富的生态因子。如敬山神、敬天地、俭省节约等。古代大量田园诗词、游记名篇和山水画作更是凝聚了先人对美好生态的强烈向往和聪明智慧。中华古代的生态智慧不仅让我们折服，也成为我们建设美丽中国的营养基因，必须积极汲取，发扬光大。

小知识：

我国古典诗词对优美生态环境的歌颂

我国自古有言，智者乐水，仁者乐山。我国古代的文人墨客虽然称不上是生态学家，但他们早就开始关注生态环境，向往桃花源般的美好家园，并以隽永的诗篇介入了生物与环境科学的新领域，出现了以王维、陶渊明、谢灵运、王之涣、孟浩然、李白等为代表的伟大山水田园诗人，他们留下的优

◎ 位于秦岭北麓终南山的茂密森林

美诗词影响深远，至今被人传诵，成为传承我国古代生态理念的重要载体，千百年来强化了普罗大众的生态意识，起到了维护生态的重要作用。

山居秋暝

［唐］王维

空山新雨后，天气晚来秋。

明月松间照，清泉石上流。

竹喧归浣女，莲动下渔舟。

随意春芳歇，王孙自可留。

王维这首诗写在初秋时节，反映了王维山居所见雨后黄昏的美丽景色。当时王维隐居在秦岭北麓，现在的西安市南部的终南山下。此诗描绘了秋雨初晴后傍晚时分山村的旖旎风光和山居村民的淳朴风尚，表现了诗人寄情山水田园，和对自己所过的隐居生活怡然自得的满足心情。作者用自然的美来表现人格美和社会美，同时重点展示了优美生态环境的无穷魅力和可感可触的自然意境。

因此，北宋大文学家苏东坡曾赞誉王维的诗画说：“味摩诘之诗，诗中有画；观摩诘之画，画中有诗。”翻译成现代汉语就是：品味王维（摩诘：王维的字，号摩诘居士）的诗，他的诗歌语言仿佛形成了一幅优美的图画；鉴赏王维的画作，他的画作中仿佛有诗歌的韵味。

五、生态文明已经成为世界潮流

肇始于20世纪六七十年代西方社会的环境保护浪潮，随着科技的进步、环境问题的发展和日益国际化，越来越多的国家不再能够置身事外，独善其身。进入21世纪，环境问题的全球化趋势更加明显。

2014年，首届联合国环境大会在肯尼亚首都内罗毕召开，这是推动世界在生态保护共识中迈出的重要一步。自联合国环境规划署成立40年以来，第一次把环境问题上升到全球生态文明建设的高度来推进。如今，应对气候变化，促进节能、减排、减污，加强环境保护领域的国际交流合作日益成为世界性重要话题，联合国及众多国际组织相继举办相关活动、会议，这标志着以人与自然和谐发展为核心的生态文明模式已成为世界潮流。

中国历来重视环境保护和低碳减排工作，并为之付出了不懈的努力。作为坚持以马克思主义为指导，积极吸收中华优秀传统文化营养，立足世情国情，大力推进美丽中国建设的中国共产党人，更是顺应世界趋势，在生态文明建设上走在了世界前列。党的十八大以后，中国特色社会主义进入新时代，绿色是新时代的主基调。面对新的国内、国际形势，中国更是主动作为，为生态文明的国际合作作出了新的贡献，形成了习近平生态文明思想，为全球生态文明建设提供中国经验、中国模式和中国方案。我国生态文明建设的生动“范例”塞罕坝等地还被联合国环境规划署授予环境领域最高奖——“地球卫士奖”。习近平总书记告诉我们：“谈生态，最根本的就是要追求人与自然和谐。要牢固树立这样的发展观、生态观，这不仅符合当今世界潮流，更源于我们中华民族几千年的文化传统。”[①]习近平总书记的重要讲话，讲明了我国加强生态文明建设，既是顺应国际潮流的需要，又是中华文化的内在要求。

2021年11月，第二十六届联合国气候变化大会（COP26）在英国格拉斯哥举行。国际上有人把这次大会称为“人类文明最后一次的机会”，也是由于感到全球气候变化已经成为一个刻不容缓的问题，亟待各国之间在如何应对由此带来的各种危机上进一步达成共识。我国国家主席习近平发表了书面致辞，提出了维护多边共识、聚焦务实行动、加速绿色转型等三点主张，就如何应对气候变化、推动世界经济复苏等重大时代课题贡献了中国方案。

习近平主席在致辞时强调，中国秉持人与自然生命共同体重要理念，坚持走生态优先、绿色低碳发展道路。我国的政策体系为自己实现碳达峰、碳中和明确了时间表、路线图和施工图。

习近平主席的书面致辞彰显了中国顺应国际趋势，积极应对气候变化、引领全球气候治理的大国担当。我们要认真学习，努力实践习近平总书记讲话精神，做到知行合一，努力践行习近平生态文明思想，建功新时代，迈向新征程，不断推进美丽中国建设取得新成就。

---

① 此段话系2021年4月习近平总书记在广西考察时重要讲话的一部分。——作者注

第二章　为什么建设生态文明?

生态文明既是人类社会对传统文明形态工业文明的扬弃与超越，是人类文明形态的一次飞跃和升级换代，又是人类社会文明持续发展进步的重要根基，事关人类文明兴衰，事关中华民族复兴的千年大计，事关经济社会持续健康发展，事关普惠民生。深刻理解这些基本道理，有助于增强我们投身生态文明建设，为美丽中国贡献思想的力量和行动自觉。

一、生态兴则文明兴，生态衰则文明衰

习近平总书记早在浙江工作期间，他就针对当时浙江省在经济高速增长过程中出现的环境问题深刻指出：“你善待环境，环境是友好的；你污染环境，环境总有一天会翻脸，会毫不留情地报复你。这是自然界的规律，不以人的意志为转移。”[①]2003年7月1日，习近平在《求是》杂志发表文章《生态兴则文明兴——推进生态建设打造“绿色浙江”》，提出了“生态兴则文明

①王小玲：《深刻领会并自觉践行习近平生态文明思想》，《中国环境报》2019年9月24日。

兴”的著名论断，指出推进生态建设，打造“绿色浙江”是一项事关全局的宏大的系统工程，也是我们对国家、对浙江人民、对子孙后代的庄严承诺。2018年5月，习近平总书记在全国生态环境保护大会上进一步指出：“环境破坏了，人就失去了赖以生存发展的基础。”[①]生态环境变化直接影响文明兴衰演替的另一个重要表现，就是恶劣的生态不利于社会文明的产生和续存，恶化的生态会给人类社会的发展与进步带来挑战，引起人类文明的衰退，甚至彻底消亡。也就是说，生态之水既可载文明之舟，亦可覆舟。

小知识：

都江堰与成都平原文明的发展繁荣

都江堰位于我国四川省成都市都江堰市城西，坐落在成都平原西部的岷江上。始建于秦昭王末年（约公元前256—前251年），是蜀郡太守李冰父子在前人鳖灵开凿的基础上组织修建的大型水利工程。它由分水鱼嘴、飞沙堰、宝瓶口等部分组成。2000多年来一直发挥着防洪灌溉的作用，至今灌区已达30县市，面积近千万亩，成为支撑当地发展的重要资源。都江堰鱼嘴是著名水利工程都江堰的重要组成部分。鱼嘴是修建在江心的分水堤坝，它把汹涌的岷江分隔成外江和内江，外江排洪，内江引水灌溉。

都江堰的创建，以不破坏自然资源，充分利用自然资源为人类服务为前提，变害为利，使人、地、水三者高度协和统一，是全世界迄今为止仅存的一项伟大的“生态工程”，开创了我国古代水利史上的新纪元，标志着我国水利史进入了一个新阶段，在世界水利史上写下了光辉的一页。

都江堰水利工程是中国古代劳动人民勤劳、勇敢、智慧的结晶，是中华文化划时代的杰作，更是全世界迄今为止，古代水利工程中年代最久、唯一留存、仍在一直使用、以无坝引水为特征的宏大水利工程。与之兴建时间大

---

① 央视新闻客户端：《大党丨人民富裕　中国美丽》，央视新闻客户端2021年8月30日。

◎ 都江堰鱼嘴工程

致相同的古埃及和古巴比伦的灌溉系统，以及中国陕西的郑国渠和广西的灵渠，都因沧海变迁和时间的推移，或湮没或失效，唯有都江堰独树一帜，至今还滋润着天府之国的万顷良田，保障着区域社会文明的持续健康发展，成为世界著名的旅游胜地。

生态文明建设的意义和作用，道理我们可以讲千千万，但都不如习近平总书记的“生态兴则文明兴，生态衰则文明衰”论述深刻透彻。习近平总书记的这句著名论断，蕴含着中国传统文化的哲学思想，深刻揭示了生态在人类文明发展中的地位和作用，是在新的历史条件下对马克思主义辩证唯物主义和历史唯物主义哲学思维的优秀继承和高度弘扬，也是我们深刻理解生态文明建设重大意义的“金钥匙”。无论是人类几千年的文明史，还是马克思主义关于人与自然关系的思想，抑或是当代中国和世界的现实都告诉我们，生态环境变迁决定着人类文明的兴衰更替。一个社会文明的兴衰，往往伴随着其生态环境的变迁，呈现出了生态与文明兴衰同向共进的状态。

马克思主义认为，人并不是上帝创造出来的，而是自然界长期进化的结果。人来源于大自然，属于大自然，依赖大自然，自然环境是人类生存和发展的物质前提。人必须依靠自然界而生存和发展，这至少包括清洁的空气、干净的饮用水、健康的食物和适宜的住所环境。相对于人类个体来说如此，整个社会更是这样。一个家族、社区乃至社会要繁荣发展，一种文明要发展进步，更是离不开必要的自然环境作支撑，包括适宜的气候、必要的淡水、肥沃的土地、丰富的矿藏等自然要素。而且，随着文明的进步，人类对资源的支配能力增强，人类文明的进步往往更加需要生态环境的支撑。

生态是人类文明的根基。自然界兴旺则人类社会随之兴旺发展，而自然界衰退则会导致人类社会的后退。古代巴比伦、古代埃及、古代印度、古代中国四大文明古国均发源于森林茂密、水量丰沛、田野肥沃的地区。习近平总书记在阐述生态与文明的关系时指出：“生态兴则文明兴，生态衰则文明衰。生态环境是人类生存和发展的根基，生态环境变化直接影响文明兴衰演替。”习近平总书记的这一判断，不仅在闻名世界的四大文明古国的兴衰史中得到了证明，位于我国新疆的古楼兰国的衰亡，和河北承德塞罕坝机械林场的生态变迁也都证明了这一点。

放眼全球，纵观整个人类文明发展的历史，许多重大文明的兴盛都无不起源于土地肥沃、气候适宜、生态良好的地区。这说明，只有“生态兴”，才能孕育出绚丽多彩的人类文明。国外古文明、甚至如今欧美等国的发达与进步，大都离不开比较优越的自然地理环境。同样，非洲一些地区，除长期殖民统治的不良影响外，撒哈拉沙漠等地恶劣的自然环境也是公认的制约文明发展因素。

◎ 塞罕坝的良好生态引客来

小知识：

欧美文明发展的自然生态基础

欧洲陆地面积1000多万平方千米，人口7亿多，具备不少文明兴旺的优越自然条件。它位于亚欧大陆的西部，北临北冰洋，西靠大西洋，南濒大西洋的属海地中海和黑海。海洋对欧洲大陆影响显著，包括为海洋航运的发展提供了便利，并加深了欧洲气候的海洋性。欧洲地形以平原为主，山地沙漠较少，平均高度为340米。气候温和湿润、土地肥沃、河流纵横、陆海航运发达，具备诸多社会文明进步条件，属环境指数较高且适宜居住的大洲之一。

美国发展的自然环境优势十分明显。它东濒大西洋，西临太平洋，人口3

亿多，国土面积900多万平方千米，面积、纬度都和我国差不多，且少山、少沙漠，西部大平原土层深厚肥沃，降水适中，适于农业耕作，是世界著名的农业区，三四百万人搞农业不仅完全能够满足本国需要，还能大量出口，成为世界第一粮食生产大国和第一粮食出口大国。全球的玉米和大豆贸易，美国占了一半；小麦也占了将近五分之一。

当然，以色列作为少有的特例，虽然土地极度沙化贫瘠，仍然依靠高素质的人口和强大的科技力量，以及近邻地中海的海运优势，优化了区域小环境，同样发展出了高度发达节水的现代农业和其他高科技产业，实现了国家的繁荣富强与发达进步。笔者认为，以色列的情况比较特殊，对于拥有14亿人口的我国来说，一些方面值得我们认真学习借鉴，比如节水技术、重视教育作用等。须知，以色列的农民也大多是博士毕业！可见，以色列的做法我们不可照搬套用，更不可由此否认区域自然资源对当地文明延续发展的重大意义。

生态兴则文明兴告诉我们，在一定意义上讲，生态文明建设的重大意义，首要的是生态环境是人类生存最为基础的条件，是我国实现民族复兴，再创中华文明复兴伟业，推动整个社会持续健康永续发展的最为重要的基础。也就是说，只有生态环境好了，才能够提供人类生存和发展的优越条件，才有利于社会文明进步和中华民族伟大复兴中国梦的实现。

生态衰则文明衰则告诫人类，生态环境的破坏和恶化，对人类文明具有重大的影响，甚至决定文明的兴衰。当然，这种生态衰败，既可能是由于自然界自身的因素而形成，如地震、洪水、干旱、野火和气候变化等，也可能因为人为因素而造成，如战争、工农业严重污染，以及人类对大自然的过度索取，包括乱砍滥伐、竭泽而渔式生产等。

◎ 塞罕坝百万亩林海成了优秀的旅游资源

小知识：

火山喷发与人类文明

火山喷发是地球的一种常见现象，火山的喷发造就了岛屿和陆地，为人类生存发展提供了舞台，火山喷发遗留下来火山灰或火山岩土质的土壤蕴含着丰富的氮、磷、钾、铜、铁、镁、钙等微量元素以及矿物质，所种植出的农作物富含大量人体所需的有益营养成分，为农业生产提供了优越的条件。但是，其影响有时是毁灭性的。例如公元79年，意大利南部那不勒斯湾东海岸维苏威火山大爆发，火山灰和火山砾瞬间淹没了繁华的庞贝城和斯塔比伊城。

火山喷发引起的岩浆、火山灰喷射和海啸发生，以及地球气温的下降，往往会对人类文明造成较大影响。比如，火山灰作为岩石、矿物和火山玻璃颗粒的混合物，容易引起健康问题。火山喷发时，火山灰可随风传播数千千米，短期内它会以铜、镉、砷等重金属以及氟等非金属污染物，对植被、地表水、土壤和地下水造成污染。这些污染物还会沿着食物链上行，越来越集中，从而对牲畜和人类产生影响。重金属的累积可导致某些癌症，而氟等非金属的累积可造成骨骼损伤。

火山大喷发还对地球气候产生重要影响，甚至可能影响气候走向。火山喷发影响气候并不是通过火山灰，因为火山灰是比较大的颗粒，很快就会通过干和湿的过程沉降，主要是通过火山喷发的二氧化硫气体直达平流层，在较短时间（一两个月）即会形成硫酸气溶胶，随着平流层环流输送到全球各处。由于平流层环流稳定，所以硫酸会持续更长的时间（一年以上），通过阻挡太阳辐射，引起近地面温度降低。如1815年4月5—15日，位于印度尼西亚松巴哇岛上的坦博拉（Tambora）火山爆发，达到创纪录的VEI7级（火山爆发指数为7），据记载这次火山爆发前坦博拉火山高度为4100米，火山爆发之后只剩下2850米，形成直径达6000多米、深700米的巨大火山口。这次火山灰柱高度达到45千米（到平流层高层）。大气中的火山灰随风飘散，在150千米之外的火山灰都有1米多厚，300千米之外也有25厘米厚，甚至1000千米之外还有5厘米厚的火山灰落下。当时，火山灰完全遮蔽了天空，甚至一周后距火山几百千米以外的爪哇岛，天空依然黑得几乎伸手不见五指。火山在东南亚造成7.1万多人死亡，其中1.1万～1.2万人是直接死于火山爆发，其余人则是死于饥荒和疾病。这次火山爆发产生的“火山冬天”，导致1816年全球温度异常偏低，欧美称其为“无夏之年（the yearwithout summer）”。据记载：6月6日，在纽约Albany和Dennys-ville，依然有降雪。7月和8月，宾夕法尼亚州西北地区湖里和河里依然有冰块。8月20—21日，纽约向南到弗吉尼亚地区秋天才会出现的霜冻已经到来。在纽约郊区的震教徒（Shakers）教区，一名叫Nicholas Bennet的人记载，那年5月份，山上光秃秃的和冬天一样，每天温度还会降到冰点以下；6月9日地面还是冻结状态，12日震教徒们不得不重新种植被霜冻的植物；7月7日依然很冷，所有作物都停止生长；8月23日重新出现霜冻。欧洲也是这样，寒冷使当年农作物基本绝收，食品价格飙涨，示威、骚乱、纵火和打劫猖獗，灾民乞丐遍地，成为欧洲19世纪最差的荒年，饥荒共计造成20多万人死亡。

纵观人类文明的发展历史，我们就会发现生态环境的衰败会密切影响着人类文明的历史进程。生态环境衰退特别是严重的土地荒漠化则是后来导致古代巴比伦、古代埃及衰落的重要原因。塞罕坝当年的生态衰败和文明凋零，也是从砍伐森林开始，到砍倒最后一棵树结束的。生态衰则文明衰，古今中外的事例还有很多。“生态衰则文明衰”这一道理，在河北雄安新区的建设中同样也得到了充分体现。雄安新区作为新时代我国现代化建设新征程中的重大举措，是依托京津冀发展实际和我国的未来发展，依托雄安新区的自然人文资源等作出的正确决策，必将在中华民族伟大复兴的历史进程中大放异彩。无论是塞罕坝，还是雄安新区建设的生态变迁与文明之间的互动史，都充分反映了生态与文明之间同频共振的辩证关系，给我们以启迪、以动力。

小知识：

白洋淀与雄安新区建设

2017年4月1日，中共中央、国务院印发通知，决定设立国家级新区河北雄安新区。雄安新区为河北省管辖的国家级新区，位于河北省中部，地处北京、天津、保定腹地，距北京、天津均为105千米，距石家庄155千米，距保定30千米，距北京大兴国际机场55千米，区位优势明显。雄安新区包括雄县、容城县、安新县三县及周边部分区域，起步区面积约100平方千米，中期发展区面积约200平方千米，远期控制区面积约2000平方千米。截至2020年11月，第七次全国人口普查，雄安新区常住人口为1 205 440人。雄安新区交通便捷通畅，地质条件稳定，生态环境优良，资源环境承载能力较强，现有开发程度较低，发展空间充裕，具备高起点高标准开发建设的基本条件。

雄安新区位于冀中平原中部，西眺太行山，系太行山麓平原向冲积平原的过渡带，属温带季风气候，四季分明。有南拒马河、大清河、白沟引河等河流过境。白洋淀位于雄安新区，是河北第一大内陆湖，总面积366平方千米。湖区水产丰富，芦苇分布面积广。白洋淀是典型的北方湿地，自古以来就以物产丰富著称。它是鸟的王国、鱼的乐园、多种水生植物的博物馆，为

◎ 华北明珠白洋淀美景

雄安新区建设提供了得天独厚的资源支撑。

作为未来之城，雄安新区被定位为疏解北京非首都功能集中承载地，是继深圳经济特区和上海浦东新区之后又一具有全国意义的新区。建设雄安新区是重大的历史性战略选择，是京津冀协同发展新引擎，是千年大计、国家大事。

以史为鉴，可以知兴替。恩格斯在《自然辩证法》一书中提出了著名的“自然的报复”思想，恩格斯深刻指出：“我们不要过分陶醉于我们人类对自然界的胜利。对于每一次这样的胜利，自然界都对我们进行报复。每一次胜利，起初确实取得了我们预期的结果，但是往后和再往后却发生完全不同的、出乎预料的影响，常常把最初的结果又消除了。”[①]接着恩格斯举例说：“美索不达米亚、希腊、小亚细亚以及其他各地的居民，为了得到耕地，毁灭了森林，但是他们做梦也想不到，这些地方今天竟因此而成为不毛之地，因为他们使这些地方失去了森林，也就失去了水分的积聚中心和贮藏库。阿尔卑斯山的意大利人，当他们在山南坡把那些在山北坡得到精心保护的枞树林砍光用尽时，没有预料到，这样一来，他们就把本地区的高山畜牧业的根基毁掉了；他们更没有预料到，他们这样做，竟使山泉在一年中的大部分时间内枯竭了，同时在雨季又使更加凶猛的洪水倾泻到平原上。”[②]人由自然而生，人与自然要形成一种和谐共生的关系，对自然的伤害最终会伤及人类自身。只有尊重自然规律，才能有效防止在开发利用自然上走弯路。这个道理我们一定要牢记于心、付诸于行。

历史的教训，值得深思！据史料记载，我国现在植被稀少的黄土高原、

---

① 中共中央马克思恩格斯列宁斯大林著作编译局：《马克思恩格斯选集》（第三卷），人民出版社，2012，第998页。

② 中共中央马克思恩格斯列宁斯大林著作编译局：《马克思恩格斯选集》（第三卷），人民出版社，2012，第998页。

渭河流域、太行山脉也曾是森林遍布、山清水秀，地宜耕植、水草便畜。由于毁林开荒、乱砍滥伐，供当时的西安或北京取暖之用，这些地方的生态环境先后遭到严重破坏。塔克拉玛干沙漠的蔓延，湮没了盛极一时的“丝绸之路”。河西走廊沙漠的扩展，毁坏了敦煌古城。科尔沁、毛乌素沙地和乌兰布和沙漠的蚕食，侵占了富饶美丽的内蒙古草原。楼兰古城因屯垦开荒、盲目灌溉，导致孔雀河改道而衰落。塞罕坝由早年的树海茫茫、水草丰美之地，自同治年间开围放垦起，逐渐使千里松林几乎荡然无存，成为一个几十万亩的荒山秃岭。这都说明人类为追求经济发展，过度向自然索取，使生态环境遭受无法逆转的破坏，最终也将使人类失去赖以生存的生态环境，导致人类文明的衰落，甚至灭亡。大自然给予我们的这些惨痛教训，我们一定要认真吸取，决不重犯。

最后需要说明的是，强调自然环境在社会文明发展中的重要地位，为的是提高我们对生态环境重要作用的认识，并不是要说面对不利的生态环境，人类就不能有所作为，就只能听天由命，就不能发扬“愚公移山”的精神，也没有否认“一方水土养一方人”的道理，更不是在长别人志气，灭自己威风，否认我国美丽富饶的基本事实。

二、关系中华民族永续发展的根本大计

习近平总书记指出：“我之所以反复强调要高度重视和正确处理生态文明建设问题，就是因为我国环境容量有限，生态系统脆弱，污染重、损失大、风险高的生态环境状况还没有根本扭转，并且独特的地理环境加剧了地区间的不平衡。‘胡焕庸线’东南方43%的国土，居住着全国94%左右的人口，以平原、水网、低山丘陵和喀斯特地貌为主，生态环境压力巨大；该线西北方57%的国土，供养大约全国6%的人口，以草原、戈壁沙漠、绿洲和雪域

高原为主，生态系统非常脆弱。说基本国情，这就是其中很重要的内容。”①

2012年11月，党的第十八次全国代表大会胜利闭幕后不久，习近平总书记就带领新的一届政治局常委参观《复兴之路》展览并强调，实现中华民族伟大复兴的中国梦是1840年以来几代中国人的梦想。全党全国各族人民要承前启后、继往开来，继续朝着中华民族伟大复兴的目标奋勇前进。此后，实现中华民族伟大复兴、永续发展的号角响彻中华大地，成为海内外每一个华夏儿女奋勇前进的不懈动力。

习近平总书记指出生态文明建设关系中华民族永续发展。这是不以人的意志为转移的自然界规律。顺自然规律者兴，逆自然规律者亡。人类文明要想继续向前推进、持续发展，就必须要正确认识人与自然的矛盾和冲突，并将其置于文明根基的重要地位。在文明进步中，什么时候生态被牺牲掉了，生态危机出现了，文明危机也就不远了。生态危机是人类文明的最大威胁。

中华民族向来尊重自然、热爱自然，绵延5000多年的中华文明孕育着丰富的生态文化。《易经》中说，“观乎天文，以察时变；观乎人文，以化成天下”，“财成天地之道，辅相天地之宜”。《老子》中说：“人法地，地法天，天法道，道法自然。”《孟子》中说：“不违农时，谷不可胜食也；数罟不入洿池，鱼鳖不可胜食也；斧斤以时入山林，材木不可胜用也。”《荀子》中说：“草木荣华滋硕之时，则斧斤不入山林，不夭其生，不绝其长也。”《齐民要术》中有“顺天时，量地利，则用力少而成功多”的记述。这些观念都强调要把天地人统一起来、把自然生态同人类文明联系起来，按照大自然规律活动，取之有时，用之有度，表达了我们的先人对处理人与自然关系的重要认识。

同时，我国古代很早就把关于自然生态的观念上升为国家管理制度，专门设立掌管山林川泽的机构，制定政策法令，这就是虞衡制度。《周礼》记

---

① 习近平：《推动我国生态文明建设迈上新台阶》，《求是》2019年第3期。

载，设立“山虞掌山林之政令，物为之厉而为之守禁”，“林衡掌巡林麓之禁令，而平其守”。秦汉时期，虞衡制度分为林官、湖官、陂官、苑官、畴官等。虞衡制度一直延续到清代。我国不少朝代都有保护自然的律令并对违令者重惩，比如，周文王颁布的《伐崇令》规定：“毋坏室，毋填井，毋伐树木，毋动六畜。有不如令者，死无赦。”

在中华5000年文明史中，生态的作用清晰而显著。在一定意义上，我们可以讲，奔腾不息的长江、黄河是中华民族的摇篮，哺育了灿烂的中华文明。正是有了中华民族“母亲河”黄河的滋润，才有了古代汉唐中华文明高地在黄河流域的形成与发展；有了神州第一江长江的灌溉，才有了江南“鱼米之乡”的富庶和宋明时期我国经济文化的高度发达，形成了璀璨千秋、影响世界的中华文明。

研究还表明，5000年来中华大地经历四个周期性的气候变化，有时风调雨顺、国泰民安，有时则地震、水、旱、虫等灾害不断，造成赤地千里，民不聊生，文明衰退。由于中国古代长期处于农业文明阶段，凡是气候温暖湿润、无霜期长、降雨丰沛的历史时期，以农业文明为特征的中华文明，往往就会处于繁荣富强阶段，太平盛世形成概率就会大大增加。

小知识：

1. 中国5000年气候变化的周期性

我国著名气象学家、中国近代地理学和气象学的奠基人、浙江大学前校长——竺可桢（1890—1974年）先生在他发表的著名论文《中国近五千年来气候变迁的初步研究》[①]中运用考古、物候学等知识，揭示出人类历史上气候的变化具有明显的周期性，冷暖干湿不断变换。竺可桢先生认为，5000年来，我国经历了四个冷暖交替的大周期，且气候冷暖交替是和干湿旱涝状况的变

① 竺可桢：《中国近五千年来气候变迁的初步研究》，《考古学报》1972年第1期。

化基本一致。

最初2000年，即从仰韶文化时代到河南安阳殷墟时代，年平均温度比现在高2℃左右。从3000年前开始气候变干凉，高原冰川由后退转为前进，湖泽退缩，湖面下降。之后，年平均温度有2℃～3℃的摆动。寒冷时期分别出现在公元前1000年（殷末周初）、公元400年（六朝）、公元1200年（南宋）和公元1700年（明末清初）。汉唐两代是比较温暖的时代，当时气温高，降雨量大，农业生产条件相对较好，社会经济文化发达。竺可桢先生的论文显示，20世纪70年代的我国，既不是历史上最冷的时期，也不是最热的年代。如今的我们也会发现，进入21世纪的今天，一些所谓“极端”天气现象，包括旱、涝、严寒、酷暑等，历史也都曾屡次出现。

据考证，元代戏曲家关汉卿笔下的《窦娥冤》，其中六月雪和大旱三年的情节也并非完全虚构，正是所谓艺术来源于生活的典型注释。因为元朝是我国历史上气候由暖变冷的时期，六月份下雪不是没有可能，就看具体地点及时间了。2013年4月19日，笔者就曾在石家庄市区经历过一次大雪纷纷的场景。当天上午的大雪，压弯了单位院内的竹林，整个世界重披雪装，仿佛瞬间返冬的感觉。

竺可桢先生是中国物候学的创始人，对中国气候的形成、特点、区划及变迁等，对地理学和自然科学史都有深刻的研究。他认为，地球是一个复杂系统，人类对它的了解还很少，很零碎，今天看似极端的天气，在历史上都曾屡次出现，并将继续上演。他关于气候变化的一系列奠基性研究，对于人们今天认识这一全球重大问题，具有基础的科学意义。

2. 杨贵妃吃荔枝背后的中国气候变迁

很多人都熟悉杜牧的一首诗句，那就是“一骑红尘妃子笑，无人知是荔枝来”。杜牧在诗中描绘了驿卒快马赶到华清宫给杨贵妃送荔枝的场景，反映了杨贵妃对荔枝的喜爱。但是，读者可能有所不知的是，这些荔枝不可能来自遥远的广东岭南地区，虽然苏东坡在惠州时有诗云“日啖荔枝三百颗，不

◎ 2013年4月19日上午石家庄大雪纷纷

辞长作岭南人”。答案可能出乎一般人所料，其实在唐朝时，四川是荔枝的主要产区之一。因为，岭南地区距离长安太远，荔枝在路上不易保存，所以李龙等学者推测送到长安给杨贵妃吃的荔枝主要产自四川。也就是说，当时翻过秦岭就有荔枝了。因为，唐朝处于我国历史上比较温暖的时代，在公元650、669和678年的冬季，唐代国都长安甚至无雪无冰。

四川在唐代之所以可以大范围种植荔枝，就是因为当时的气候要比现在温暖。竺可桢先生在上面的这篇著名论文中告诉我们，中国在近5000年中，最初2000年（从仰韶文化时代到殷墟时代）的年平均温度比现在高2 ℃左右；汉、唐两朝也比较温暖，之后则有逐渐变冷变干的趋势。于是，杜牧留下荔枝的名篇也就不足为奇了。

并且，还有资料表明，杨贵妃自幼就喜欢吃荔枝，中唐人李肇所撰《唐国史补》云："杨贵妃生于蜀，好食荔枝。"须知，杨贵妃的父亲杨玄琰只是一个七品下的蜀州司户，俸禄并不高，生在四川的杨贵妃应该不可能有条件能够经常吃到宋代时期远在广东的荔枝。唐朝诗人张籍就写过《成都曲》："锦江近西烟水绿，新雨山头荔枝熟。"说明当时在成都有种植大片的荔枝林。其实，现在四川也有一小部分地区可以种植荔枝，但其规模和名气已经大不如前。

另据考证，绍圣二年（1095年）四月十一日，苏轼在惠州人生第一次吃上荔枝，有其诗作《四月十一日初食荔枝》为证，该诗题目中都含有"初食"荔枝的字眼，并对荔枝极力赞美："……垂黄缀紫烟雨里，特与荔枝为先驱。海山仙人绛罗襦，红纱中单白玉肤。不须更待妃子笑，风骨自是倾城姝……"自此以后，苏轼还多次在诗文中表现了他对荔枝的喜爱之情。《食荔枝二首》其二的"罗浮山下四时春，卢橘杨梅次第新。日啖荔枝三百颗，不辞长作岭南人"名句，更是脍炙人口。从宋朝的人们只有到了岭南才能吃上荔枝，包括从小在四川峨眉长大的苏东坡，而唐人则从四川，甚至西安都可以吃上荔枝的物候视角，我们可以确定在宋朝，荔枝种植区域已经大幅从北向南移了，也就是可以断定：宋较唐为冷不假。

留住青山，赢得未来。从我国5000年走过的道路，我们可以更加深刻地理解生态文明建设的重要性。现在的河西走廊、黄土高原地区，都曾经是水丰草茂的宜居之地，创造了以敦煌为代表的华夏文明，只是由于气候变化和人为乱砍滥伐、毁林开荒等原因，才致使生态环境遭到严重破坏，进而引起经济文化衰落。有学者认为，唐代中叶以来，我国经济中心逐步向东、向南转移，很大程度上同西部地区生态环境变迁有关。唐代著名边塞诗人王昌龄的《从军行七首·其四》，在我国是一首家喻户晓的诗，诗词"青海长云暗雪山，孤城遥望玉门关。黄沙百战穿金甲，不破楼兰终不还"的最后一句，表明了边防战士为保卫祖国矢志不渝，不打败进犯敌人决不返回家乡的豪迈情怀。其中的楼兰国的兴衰变迁就很能说明环境变化对一个地方永续发展的重要意义。

小知识：

罗布泊古楼兰遗址

在我国新疆维吾尔自治区的东南部，有一个著名的景点，名叫罗布泊，在罗布泊的西北岸，有一个闻名世界的文明遗迹——楼兰国，曾经一度辉煌于世，后来就被埋藏于万顷流沙之下，淹没于历史尘埃之中。在我国古代的典籍中，有很多关于它的描述与记载。从历史记载来看，古楼兰国曾经是一块水草丰美、文明繁荣之地，最早见于西汉史书，最晚见于魏晋南北朝史书。据北魏的史书记载，北魏太武帝于公元439年派大将万度归征讨楼兰，随后下令将此地依照内陆的模式进行治理。

关于楼兰国消亡的原因，有学者认为罗布泊一直是哺育古楼兰文明的关键因素。但在公元5世纪，塔里木河中游的滨河改了道，导致楼兰严重缺水。当时驻守敦煌的索勒尽管召集鄯善（古楼兰）、龟兹、焉耆三国共3000人疏浚河道，向古楼兰引水，但最终人力还是难以改变。本来，古楼兰人在遭到自然环境恶化、战争等双重因素的打击下，人口已经十分的稀少，在这种族生死存亡之际，一场瘟疫又突然暴发，给了这个民族最后的一击。残存的古楼兰人沿着河流离开故地，在逃亡的路上，又遇上黑风暴，最后全部覆灭。这在古楼兰地区出土的文物壁画中也可见一斑。当然，也有人提出，是青藏高原隆起、罗布泊移动、异族入侵等造成了古楼兰文明的衰败。如今，古楼兰留下的残垣断壁，都在述说着生态的极端重要性。

生态文明建设不仅是历史的启示，更是现实的呼唤。改革开放后，我国经济社会飞速发展，虽然我们从一开始就决定不走“西方先发展后治理的老路”，但是生态环境还是遭到了严重损害，大气、土壤、水体严重污染，生态短板凸现出来。相对于14亿人实现现代化的生产生活需要来看，曾经“地大物博的我国”生态资源还是极其有限的，长期以来我们对资源环境粗放式的开发和利用造成了大量的生态环境污染和资源浪费，一旦生态资源环境被用尽，我国经济发展就很难再有进步。这样不仅会造成很多社会经济问题，威胁人民群众的身体健康和生命财产安全，而且将严重制约我国的持续健康发展。

改革开放以来，我国经济发展取得历史性成就，这是值得我们自豪和骄傲的，也是世界上很多国家羡慕我们的地方。同时必须看到，我们也积累了大量生态环境问题，成为明显的短板，成为人民群众反映强烈的突出问题。比如，各类环境污染呈高发态势，成为民生之患、民心之痛。这样的状况，必须下大气力扭转。

生态文明建设是功在当代、利在千秋的事业。尊重和保护生态是人类遵

◎ 湖光山色沁人心肺

循人与自然和谐发展客观规律，促使人类文明不断进步、人类辉煌经久延续的必经之路，其目的是促进人类美好生活、美好世界的永续发展。中华民族要实现伟大复兴，就必须尊重自然、顺应自然、保护自然，不断夯实永续发展的生态基石。

我们要进一步清醒地认识保护生态环境、治理环境污染的紧迫性和艰巨性，清醒认识加强生态文明建设的重要性和必要性，以对人民群众、对子孙后代高度负责的态度，坚定保护生态环境信念，坚决摒弃损害甚至破坏生态环境的发展模式和做法，决不能再以牺牲生态环境为代价换取一时一地的经济增长。要全面推进生态文明建设，实现中华民族永续发展。要坚定推进绿色发展，推动自然资本大量增值，让良好生态环境成为人民生活的增长点、成为展现我国良好形象的发力点，让老百姓呼吸上新鲜的空气、喝上干净的水、吃上放心的食物、生活在宜居的环境中，切实感受到经济发展带来的实实在在的环境效益，让中华大地天更蓝、山更绿、水更清、环境更优美，走向生态文明新时代。

三、绿水青山就是金山银山

“绿水青山就是金山银山”同样属于习近平生态文明思想的名言金句。这一理念告诉我们保护生态就是保护经济社会发展的潜力，保护自然环境就是保护自然价值和增值自然资本，就是把生态环境优势转化为经济社会发展优势。建设生态文明，主张“绿水青山就是金山银山”，目的是让人们充分认识到生态环境的巨大价值，防止以破坏环境为代价，取得暂时的“发展”，避免只顾眼前的经济利益，失去经济发展与生态环境之间的必要平衡。主张坚持走生态优先、绿色发展的路子，越是面临困难挑战，越要增强生态文明建设的战略定力，越要向绿色转型要出路、向生态产业要动力。

“绿水青山就是金山银山”是习近平总书记在浙江工作期间提出的一个重

◎ 驼梁生态旅游胜景

要理念，它揭示出绿水青山既是自然财富、生态财富，又是社会财富、经济财富，更加深刻认识到保护生态环境就是保护生产力，改善生态环境就是发展生产力。2005年8月15日，时任浙江省委书记的习近平同志在浙江湖州安吉考察时，首次提出了“绿水青山就是金山银山”的科学论断，后来，他又进一步阐述了绿水青山与金山银山的辩证关系。2013年9月7日，习近平总书记在哈萨克斯坦纳扎尔巴耶夫大学发表演讲并回答学生们提出的问题时，在谈到环境保护问题时他指出：“我们既要绿水青山，也要金山银山。宁要绿水青山，不要金山银山，而且绿水青山就是金山银山。”这里生动形象地表达了我们党和政府大力推进生态文明建设的鲜明态度和坚定决心，也进一步阐明了生态保护和经济建设的辩证关系。

“绿水青山就是金山银山”理念充分体现了马克思主义人与自然关系思

◎ 塞罕坝的湖光美景

想，是习近平总书记在生态文明建设上的重大创新，是新时代马克思主义中国化最新成果的重要内容，它形象阐述了经济发展与环境保护的辩证关系，为建设生态文明提供了核心理论和思想指引，具有重大理论和实践价值，构成了习近平生态文明思想的有机组成。

绿水青山蕴藏着巨量的物质与精神财富。河北塞罕坝是“绿水青山就是金山银山”的生动体现。塞罕坝的绿色奇迹告诉我们，绿水青山既是自然财富、生态财富，又是社会财富、经济财富。茫茫荒原不仅可以变成绿水青山，绿水青山也完全能够成为金山银山。塞罕坝人经过60年的不懈奋斗，不但修复了“绿水青山”，创造了世界最大人工林，也把“绿水青山”变成了“金山银山”，实现了绿色富国惠民和生态文明与经济效益的双赢，成为高质量发展的样板，先后荣获联合国“地球卫士奖”“土地生命奖”和我国“全国脱贫攻坚楷模”等荣誉称号。据评估，塞罕坝机械林场森林资产总价值已达206亿元，是总投资的19倍；每年产出物质产品和生态服务总价值145.3亿元。塞罕坝机械林场累计上缴利税近亿元，以产业发展创造了大量就业岗位，带动了周边地区的乡村游、农家乐、养殖业以及山野物资、手工艺品、交通运输等外围产业的发展，每年可实现社会总收入6亿多元。现在已经形成了木材、绿化苗木、生态旅游、碳汇等多产业齐头并进的良性循环发展环境，这片绿水青山已经为人类带来了滚滚财源和满满幸福。

小知识：

塞罕坝机械林场获国际殊荣“土地生命奖”

“土地生命奖”是联合国防治荒漠化公约设立的联合国防治荒漠化最高级别奖项，旨在表彰、激励在荒漠化与土地退化治理方面作出杰出贡献、发挥模范作用的个人、集体或项目。该奖在库布其国际沙漠论坛上授奖。

塞罕坝位于河北省承德市北部、内蒙古浑善达克沙地南缘，历史上曾经森林茂密、禽兽繁集，后由于过度采伐，土地日渐贫瘠，到20世纪50年代，成为风沙肆虐的沙源地，是中国荒漠化防治工作的一块“硬骨头”。塞罕坝机械林场2021年9月获得的“土地生命奖”，是其2017年荣获“地球卫士奖”后的又一国际殊荣。当年与塞罕坝机械林场同获“土地生命奖”的还有印度拉贾斯坦邦的家庭林业发展项目。

浙江“余村生态蝶变”是“绿水青山就是金山银山”的又一鲜活例证。其高质量发展背后，既是经济发展结构、生产生活方式的转型换代，更是发展理念的变革升级。余村，因地处天目山余脉的余岭而得名。余村在浙西北，隶属于浙江省湖州市安吉县天荒坪镇。20世纪80年代，靠着优质矿产资源，余村成为安吉“首富村”，但同时付出环境污染的代价。2005年8月15日，时任浙江省委书记的习近平到余村考察，在这里首次提出“绿水青山就是金山银山”的深刻论断，阐述经济发展与生态环境保护的关系，推动余村成为中国生态建设的先行者，走出“绿色中国”的发展之路。“两山”理念的提出，给余村人吃下了“定心丸”，更为余村指明了发展方向。此后，在“两山”理念指引下，从“靠山吃山”到“养山富山”，从“卖石头”到“卖风景”，余村按下了绿色变革的“快进键”。

如今，作为“绿水青山就是金山银山”金句论断的诞生地，余村已成探究中国生态文明的宝贵样本。如今，在昔日灰尘漫天的浙江省安吉县余村，由于坚持绿色发展，早已变身为4A级景区，许多村民都吃上了高质量发展的旅游饭。走在今天的余村，远处群山苍翠，竹海绵延，近旁花木扶疏，碧水潺流，平坦开阔的绿道串起村民的幢幢乡村别墅。余村绘出的生态画卷、开启的“美丽试验”，让这个浙北小山村成为兼具生态旅游区、美丽宜居区和田园观光区的国家4A级景区、全国文明村、宜居示范村。

“山还是那座山，水还是那道水”，蜕变的余村，成为“两山”理念的生动实践，也成为中国乡村振兴的缩影。余村的实践证明，必须坚持走绿色发展的路子。党的十八大以来，我国无数个“余村”走上了生态优先、绿色发展的道路，坚持保护生态环境就是保护生产力，改善生态环境就是发展生产力，生态改善取得历史性成就，绿水青山成为了取之不竭的“绿色银行”。

国内外的发展经验、教训告诉我们，当一个国家或地区的经济社会发展到一定阶段后，往往会出现生态环境越好，发展机遇就越多，发展潜力也越大的局面。良好的生态对高科技人才的吸引力、对现代产业的支撑能力越来越大，优美生态环境已经成为不可或缺的“天然资本”，绿水青山将会源源不断带来金山银山。反之，环境恶化，空气不能吸，水体污染，食物不安全，甚至连许多普通民众都会唯恐避之不及，可能会远走他乡，更别说前来旅游居住、投资经商了。

“绿水青山就是金山银山”的理念，为我们平衡发展和环保的关系提供了思想指引和行动指南，不仅为中国找到了一条兼顾经济与生态的可持续发展之路，也为其他发展中国家提供了有益借鉴。沿着这条从绿水青山中开辟的道路，我们一定能让未来的中国既有现代文明的富强，也有生态文明的美丽。

开启全面建设社会主义现代化国家新征程，实现第二个一百年奋斗目标，必须进一步加强生态文明建设。我们在生态保护和生态修复的问题上，不仅要做绿色发展的组织者、示范者、推动者，还要宣传、鼓励广大干部群众自觉践行绿色低碳的生产生活方式，让全体人民自觉成为生态保护的参与者、建设者、维护者，使人人增强减排降碳的意识，养成节约资源、爱护生态的习惯。

四、良好生态环境是最普惠的民生福祉

生态文明建设同我们每个人的生活生产息息相关。无论是帝王将相、才

◎ 长江三峡沿岸的绿水青山

子佳人，还是民间隐士，抑或普通百姓，对于良好生态一直是心向往之。“良好生态环境是最普惠的民生福祉”告诉我们环境就是民生，青山就是美丽，蓝天也是幸福，绿水青山蕴藏着广大百姓的幸福密码，标注着普通人的幸福指数。环境好了，每个人都受益；环境出了问题，谁也逃脱不了，都要遭殃。呼吸上新鲜的空气、喝上干净的水、吃上放心的食物、生活在宜居的环境中，才会有满满的幸福感。

优美的自然生态，自古为众人向往。5000年的灿烂中华文化中，留下了海量的“远看山有色，近听水无声”绘画作品和歌颂名山大川的诗歌散文及游记。家喻户晓的“桃花源”更是反映了千百年来我国人民对美好生活环境的强烈向往。

河北承德塞罕坝通过绿色发展修复了山清水秀的生态环境，将曾经的不毛之地变成了绿色海洋，恢复了往昔的富饶和美丽，极大地促进了当地旅游业发展，实现了生态聚财、涵养水源、拓展财源，做到了生态惠民、生态利民、生态为民。塞罕坝森林具有涵养水源、净化淡水、固定二氧化碳、释放氧气的功能，成为了“华北之肺”，为京津地区构筑起了一道坚实的生态屏障，为所在区域的百姓增添了蓝天白云和优美环境。在塞罕坝，人们春季能感受春意盎然、无限生机，夏季会看到姹紫嫣红、野花竞放，秋季可欣赏层林尽染、碧翠流金，冬季则进入了银装素裹、千里冰封的世界。迷人的生态美景，既增加了当地人的收入，也给全国人民提供了一个天堂般的旅游胜地，提升了每一名游客的幸福指数。

同样的美丽幸福故事也在浙江富春江畔上演。富阳是一座枕水而居的古城，因江而名、因江而兴。富春山水堪称中国江南山水资源集成的经典代表作。以秀丽的富春江为代表的青山绿水，不仅承载了富阳几千年历史传统的精神价值遗产，更浓缩了富阳可持续发展的宝贵资源。600多年前，元代大画家黄公望在富春江边，绘就了传世名作《富春山居图》，一江碧水至此扬名。画落于纸上，纸产于富阳。造纸，是富阳的传统产业，手工造纸溯源于汉明帝时代，距今已有1900多年的历史。富阳因此素有“造纸之乡”的美称，古往今来，富阳因纸而闻名。富阳的造纸在全国的造纸工业中曾经占有很重要的地位。然而，曾集中在富春江畔的近500家造纸厂，给富阳带来财富的同时，也曾“黑”了富春江。如今，在浙江杭州市富阳区大源镇，当年的造纸厂让村民们的腰包鼓了起来，严重的环境污染也让人们的幸福指数一度跌到谷底。造纸厂刚办时，江水还是干净的，两三年后就浑浊了。富春江上的渔民许永富说：“早些年在江边淘米就会引来大批鱼虾，后因工业污染，鱼虾大量消失，江里的鱼吃起来会有一股‘柴油味’。”

习近平总书记说，良好生态环境是最普惠的民生福祉，坚持生态惠民、生态利民、生态为民，重点解决损害群众健康的突出环境问题，不断满足人民日益增长的对优美生态环境的需要。2005年9月5日，时任浙江省委书记的习近平在考察水环境治理情况时，来到富阳大源溪，对富阳提出了加大大源溪治理力度的要求。自2005年起，当地痛下决心，转变发展方式，践行“两山”理论、响应人民呼声，重新获得了绿水青山。他们坚持要整体转型、要高质量发展，不要黑色GDP，要绿色GDP。2005年至2016年，富阳以“壮士断腕”的勇气和魄力关停造纸企业，实现了腾笼换鸟、凤凰涅槃。他们先后实施六轮造纸行业整治，从鼎盛时期的近500家，缩减至100余家。5座集中式污水处理厂的建成也大大缓解了造纸企业对水环境的污染。

2021年1月31日，随着历时15年的造纸产业转型腾退完成，“造纸之乡”富阳彻底转身。时至今日，富春江两岸生态绿道连绵，串联起因江而美的生活。富阳在治水上交出了“绿水青山就是金山银山”的出色答卷，“拥江发展”已从规划成为现实。

良好的生态是新时代广大人民群众对美好生活的新期待。进入新时代，广大民众对美好生活的向往日益强烈，“良好生态”已经提到前所未有的高度。如今，随着我国生产力的进步、社会的发展和人民生活水平不断提高，我国社会主要矛盾发生根本变化，广大群众由过去“盼温饱”变成了现在的

◎ 天光云影的塞罕坝

"盼环保"，过去"求生存"现在"求生态"。加之一些地方环境问题突出，给广大人民群众生产生活、身体健康带来了严重影响和损害，由此引发的群体性事件不断增多，广大群众对干净的水、清新的空气、安全的食品、优美的生态等重视越来越高，生态在广大群众幸福生活中的权重越来越大，良好生态日益成为重要的民生建设目标。这就要求我们进一步把生态文明摆在更加突出的位置，加快转型升级步伐，走高质量发展之路，不断提升生态水平，增强广大人民群众的获得感、幸福感和安全感。

绿色成就美丽，山水带来幸福。党的十八大以来，我国高度重视环境保护，高度关注民生幸福，从思想、法律、体制、组织、作风上全面发力，全方位、全地域、全过程加强生态环境保护，推动划定生态保护红线、环境质量底线、资源利用上线。我们铁腕治污，实现了从大气治理到水治理和土壤治理的全覆盖，生态环境保护取得明显成就，生态文明建设成就有目共睹，人与自然和谐共生程度显著增强。祖国各地的天更蓝了，水更清了，地更绿了，生态环境质量持续改善，广大普通群众幸福生活有了源头活水，人民群众生态获得感、幸福感显著增强。

五、人民群众新时代美好生活的新期待

人类社会发展史告诉我们，人的需求是分层次的。首先是衣食住行的基本满足。在这些基本条件具备了之后，人们还会产生新的需求、新的期待。在吃不饱、穿不暖，基本生存都无法保证的情况下，是很难谈环境的。就是谈，有时也只能是奢望，空中楼阁，既不现实，也脱离实际。而进入新时代，随着我国经济发展量的积累，产生了质的变化，从而人的需求也就自然而然上升到一个新的高度，达到一个新的层次。古语所说的“饥不择食，寒不择衣，慌不择路，贫不择妻”也是讲的这个道理，告诉我们“急切或没有条件时顾不上挑选”，饿了什么都吃得下，寒冷什么衣服都拿来穿，逃荒（路）遇到紧急情况谈不上选路，贫穷没有资格选择妻子，只要有人肯嫁就好。

蓝天白云不仅是赏心悦目的自然环境，也是美好生活的标配。优美的生态环境历来受到世界各国人民的喜爱，建设生态文明已成为全球共识，建设美丽中国已成为我国各族人民的共同追求。经过改革开放，特别是十八大以来的不懈奋斗，我国于2020年全面建成小康社会，打赢脱贫攻坚战，解决困扰中华民族几千年的绝对贫困问题取得历史性成就，人民美好生活需要日益广泛，不仅对物质文化生活提出了更高要求，而且对美好生态环境等方面的要求，已经成为广大人民群众对美好生活向往的一项重要内容。

绿色是新时代的底色。2012年，党的十八大胜利召开，中国特色社会主义进入新时代。新时代具有新矛盾，人民群众具有新需求，我国社会主要矛盾已经转化为人民日益增长的美好生活需要和不平衡不充分的发展之间的矛

◎ 祖国千山万壑一片绿

盾，生态文明成为新时代的重要目标和任务。我国社会主要矛盾的转化，标志着曾经长期经济文化比较落后的我国，建设社会主义出现了根本性转折，生态文明建设进入了快车道，科学社会主义在21世纪的中国焕发出了强大的生机与活力。

其中，空气质量明显改善，还老百姓蓝天白云、繁星闪烁；搞好水污染防治，保障饮用水安全，基本消灭城市黑臭水体，还老百姓清水绿岸、鱼翔浅底的景象；强化土壤污染管控和修复，让老百姓吃得放心、住得安心；开展农村人居环境整治行动，打造美丽乡村，为老百姓留住鸟语花香的田园风光，让祖国的天更蓝、山更绿、水更清，已成为新时代的突出特征。一句话，建设人与自然和谐共生的现代化，已经成为全国广大人民群众的共识，成为人民群众新时代美好生活的新期待。

我党历来重视人与自然关系和谐，并为之进行了不懈的探索与奋斗。党的十八大以来，以习近平同志为核心的党中央高度重视生态文明建设，提出了一系列建设美丽中国、美丽世界的新理念新思想新战略，为新时代推进生态文明建设提供了重要遵循。2018年5月18日至19日，全国生态环境保护大会胜利召开，习近平总书记出席会议并发表重要讲话。大会正式确立了习近平生态文明思想在我国生态文明建设中的指导地位，为加强生态环境保护、建设美丽中国提供了方向指引和行动指南。

中国共产党作为一个为人民谋幸福、为民族谋复兴的百年大党，在领导中国人民站起来、富起来、强起来的百年征程中，不忘初心，牢记使命，不怕艰难险阻、不怕流血牺牲，取得了社会主义革命和建设的伟大胜利，取得了改革开放的伟大成就，胜利实现全面建成小康社会伟大目标，开启了第二个一百年的新征程，其中的一项重大任务就是建设美丽中国，满足广大人民群众对高质量环境生活的需求。如今，生态文明建设已经纳入中国特色社会主义事业的总体布局，美丽中国建设已经成为全党全国各族人民勠力同心、奋楫笃行实现中华民族伟大复兴中国梦的重要组成部分。只要我们在党的领导下行而不辍，逐梦前行，美丽中国建设必将不断取得新的成就。

第三章　建设什么样的生态文明？

生态文明是人类社会发展的高级形态，具备自身的特性和基本要求。然而，由于资源禀赋、时代特征、制度差异和社会发展水平，以及传统文化的不同，人们对优美生态的需求也就具有了自己的特色。美丽中国是全体中华儿女的共同心愿，体现了生态文明的中国智慧，蕴含着中国共产党人对生态文明的“美好愿景”。

一、“人与自然和谐共生”的生态文明

人与自然关系问题是马克思主义的一个基本问题。习近平总书记在纪念马克思诞辰200周年大会上指出，要学习和实践马克思主义人与自然关系思想。马克思认为，“人靠自然界生活”，自然不仅给人类提供了生活资料来源，如肥沃的土地、渔产丰富的江河湖海等，而且给人类提供了生产资料来源。自然物构成人类生存的自然条件，人类在同自然的互动中生产、生活、发展，人类善待自然，自然也会馈赠人类，但“如果说人靠科学和创造性天才征服了自然力，那么自然力也对人进行报复”。

◎ 内蒙古乌兰布统的人与自然和谐共生情景

坚持人与自然和谐共生思想，是马克思主义人与自然关系思想认识的新高度。它体现了“绿水青山就是金山银山”的理念，主张自然是生命之母，人与自然是生命共同体，人类必须敬畏自然、尊重自然、顺应自然、保护自然。在人与自然的关系中，要以人为本，以发展为第一要务，正确处理经济发展和生态保护的关系，决不能干“吃子孙饭、断子孙路”的事，决不能走先污染后治理的西方老路。

习近平总书记强调指出，要“坚持人与自然和谐共生”，对自然心存敬畏，共同保护不可替代的地球家园，共同医治生态环境的累累伤痕，共同营造和谐宜居的人类家园，让自然生态休养生息，让人人都享有绿水青山。

要说我们要建设什么样的生态文明，首要的应该是“人与自然和谐共

◎ 九寨沟风光

生”，在人与自然关系上，自然应该能够满足人类社会生存发展的需要，不断增强人的幸福感，使人类少受自然的威胁和侵害，而不是相反。如果说人类经常要面临洪水猛兽袭击，或者干旱、严寒、风沙侵扰，抑或饥饿、地震、山崩地裂伤害，就根本称不上人与自然的和谐。

人与自然和谐共生，人类就必须善待自然。人类不得以征服者的心态对待自然，不得肆意砍伐森林、破坏植被、猎杀野生动物，甚至竭泽而渔，过度索取不加保护，使生态遭到破坏和失去平衡，从而伤害人类长远利益，出现人与自然的“双输”而非“共赢”。也就是说，人要与自然友好相处，相得益彰，和谐共生。从本质上看，我们建设的生态文明就是要追求人对自然的永续利用，要正确处理人与自然关系中根本利益、长远利益与局部利益、眼前利益的相互关系，协调好人类社会根本利益、长远利益。

人类对大自然的伤害最终会得到报复，伤及人类自身。清道光年间开始，“美丽高岭”塞罕坝逐渐蜕变为“黄沙遮天日，飞鸟无栖树”的茫茫荒原。西伯利亚寒风长驱直入，浑善达克沙地不断南侵，成为悬在华北平原上方的一大风沙源。大自然的报复像洪水猛兽，威胁着京津，乃至华北平原人们的生产生活。如今，刻于林场一块大石上的《塞罕坝赋》：“自古极尽繁茂，近世几番祸殃。水断流而干涸，地无绿而荒凉。哀花残叶败，惊风卷沙狂，感冬寒秋肃，叹人稀鸟亡。悲夫！”为我们道出了破坏自然的危害。塞罕坝曾经的满目凄凉，有助于我们理解人与自然和谐的重要性。

同时，人如果坚持善待自然，自然也会给人类应得的回报。我国著名景区九寨沟，人与自然和谐共生，人居环境十分优越，绿水青山已经成为金山银山。在九寨沟，迷人的潭水、秀丽的山川、良好的生态、清爽的空气，为人们提供了休闲度假与亲近自然的理想场所，早已成为我国西南地区闻名遐迩的生态旅游胜地，成为神州大地一张亮丽的名片，彰显着人与自然和谐共生的价值与理念。

习近平总书记多次强调的“人与自然和谐共生”，就是要摒弃以牺牲环境换取一时发展的短视做法，处理好经济发展和自然生态系统的关系。发展经济与保护生态之间的选择看似两难，站在人与自然和谐共生的高度来谋划经济社会发展，是中国共产党人对人民、对人类坚定不移的执政理念。党的十八大以来，我国坚持积极建立健全绿色低碳循环发展经济体系，促进经济社会发展全面绿色转型，并以降碳为重点战略方向，推动减污降碳协同增效，实现生态优先、绿色发展之路。

坚持人与自然关系中的“以人为本”。常言道，真理再往前进一步，就会变为谬误。在人与动物的冲突中也要谨防把人从猎人变成猎物，置人于动物等的肆意侵害而不顾。生态文明的目的是让人的生活更美好，而不是动物，包括狼的生活更美好。人与自然的和谐关系是双向的，以人为本是基础性的，

"人爱狗，狗不爱人"的关系不是人与自然应有的和谐的状态，甚至谈不上和谐。主张"人与自然和谐共生"，绝不能从一个极端滑到另一个极端，滑到"激进环保主义"的泥潭，认为环保高于一切。包括从强调"人定胜天，征服自然改造自然"，到靠伤害人的利益，尤其是人的根本利益，片面满足自然的需要。不能从彻底否定"人类中心主义"，变成了以自然为本，主张无原则地限制人的需要和发展，不惜以破坏财物、纵火烧毁工厂来捍卫所谓的野生动物，捍卫所谓的生态系统。这就违背了生态文明建设是让人类的生活更美好的初衷。人与自然和谐共生不是暂时的、部分人的，而是与人类长远、根本利益和集体利益相协调的。

小知识：

激进环保主义者主张不可取

激进环保主义者把生态看得高于一切，否定人类生产生活所必需的一切活动，热衷于不实夸大环保问题的危害，有意无意制造恐慌气氛，甚至把人类认定为地球的癌细胞，宣传环境变化引起的气候变化很可能消灭人类，个别人还在2000年曾经预测人类会在80年后因二氧化碳引起的气候变暖而灭亡。

激进环保主义者主张自然第一，人类是从属的，人要为自然让路。比如，本来生物繁殖后代是自然的本能，必要的生育是人类社会持续健康发展的关键，而不繁殖就等于走向灭绝。但在20世纪90年代，有人却为了"保护自然"而发起了一个人类自愿灭绝运动（Voluntary Human Extinction Movement，简称VHEMT），主张人类应放弃生育，自愿灭绝，保护地球。人类被他们视为地球破坏者，开车、吃肉、盖房子、城市化都会破坏大自然，认为世界必须放弃化石燃料，燃烧化石燃料就像为已满的浴缸继续加水"世界充满了太多的二氧化碳，无法再吸收更多的二氧化碳了"，甚至引发了诸如美国气候活动人士割破数十辆汽车轮胎，还给车主留言"别往心里去"的不可思议之事。

以上极端生态主义观点是不可取的。因为，只有人类才会保育大自然，而大自然不会主动保育人类，即使人类主动放弃社会经济科技文化建设成果，大自然也不会欣赏这些，杂草密林很快就会覆盖湮没一切。试想象，如果世界人口大幅减少，森林很快就会夺回失土，野生动物会迅速繁殖，农村、乡下会成为危险的地方，人类只能聚集在城里等少数地方。况且，大自然从来没有消失，它只是隐藏了起来。2020年新冠疫情初期一些国家封城锁国，短短时间，野生动物在大街四处游走的现象记忆犹新。而且，如果消失的人口、萎缩的经济都来自文明与发达的国家，新增人口却集中在欠发达地区，30年后的世界或许会变得更加不可预测。

在人与自然关系上要始终坚持以人为本，决不能把人类看作地球的负担或破坏者。人类决不能天真地幻想和豺狼虎豹等天敌“和谐”相处，如果任由它们繁衍出没，对人类来说肯定还是灾难。

现实也远没有如此悲观，人类社会经济的增长目前也完全没有达到所谓的极限。尤其是被称为“气候变化海报童子”（poster child of climate change）的北极熊，激进环保分子曾一直强调北极熊将在2030年绝种。但现实是，自20世纪60年代开始有对北极熊的观察数据以来，由于相关国家限制猎杀，其总数正在不断增长。北极熊的故事，在激进环保主义者那里已经悄然退场。包括曾被长期使用的“青海湖在干涸”等故事，现在也鲜有提及。

二、“山水林田湖草是生命共同体”的生态文明

生态本身就是一个有机的系统。构成大地生态系统的，主要有空气、土地、森林、河流、湖泊、地下水等几大元素。生态文明建设应该以系统思维考量，以整体观念推进，只有这样才能顺应生态文明发展的内在规律。

“仁者乐山、智者乐水”，临水而居，择水而憩，自古就是人类亲近自然的本性，亦是人类亘古不变的梦想。习近平总书记从生态文明建设的整体视

◎ 山水林湖和谐共生九寨沟

野提出了“山水林田湖草是生命共同体”“统筹山水林田湖草系统治理”的著名论断。习近平总书记强调：“我们要认识到，山水林田湖是一个生命共同体，人的命脉在田，田的命脉在水，水的命脉在山，山的命脉在土，土的命脉在树。”[①]由山川、林草、湖沼等组成的自然生态系统，存在着无数相互依存、紧密联系的有机链条，牵一发而动全身。我们要统筹兼顾、整体施策、多措并举，全方位、全地域、全过程开展生态文明建设。

习近平总书记的上述重要论述，在塞罕坝得到充分体现。据专家研究，林地平均最大蓄水能力是荒地的30～40倍。50多年来，塞罕坝人十分注意山水林田湖草的系统呵护。今天的塞罕坝，已经山山披绿装，处处有松涛。作为滦河、辽河的水源地之一，塞罕坝每年为京津地区涵养水源、净化水质

① 《习近平谈生态文明10大金句》，《人民日报（海外版）》2018年5月23日。

◎ 塞罕坝七星湖湿地美景

1.37亿立方米，不愧为“京津水源卫士”。引滦入津工程完工以后，来源于塞罕坝的河水，使“天津卫一大怪，自来水腌咸菜”成为了历史。由百万亩人工林形成的生态屏障，也庇护着坝下的良田，稳定了当地的农业生产。

面对自然资源和生态系统，我们决不能仅从一时一地看待问题，一定要树立大局观，算大账、算长远账、算整体账、算综合账，如此才能形成系统性的治理，实现生产、生活、生态的和谐统一。无论是哪个地方、哪个部门，无论处于生态环保的哪个环节，都应该意识到，自己的行为会经由生态系统的内部传导机制影响到其他地方，甚至影响到生态环保大局。如果破坏了山、砍光了林，也就破坏了水，山就变成了秃山，水就变成了洪水，泥沙俱下，地就变成了没有养分的不毛之地，水土流失、沟壑纵横。因此，必须按照生态系统的整体性、系统性及其内在规律，统筹考虑自然生态各要素，山上山下、地上地下、陆地海洋以及流域上下游等，进行整体保护、系统修复、综合治理。

“山水林田湖草”这一“生命共同体”，不是封闭的，其成员也不是固定的。公开文献表明，习近平总书记至少还加入过两个——“沙”和“冰”。如2021年3月5日下午，习近平总书记在参加十三届全国人大四次会议内蒙古代表团审议时，就明确指出“要统筹山水林田湖草沙系统治理，实施好生态保护修复工程，加大生态系统保护力度，提升生态系统稳定性和可持续性”，为内蒙古生态文明建设指明了方向。在这里，习近平总书记结合内蒙古实际，为“生命共同体”家族增加了“沙”这一重要元素。内蒙古在我国生态安全国家战略中具有十分重要的地位，以大兴安岭、阴山、贺兰山为“生态脊梁”，两侧分布有大面积的草原、森林、沙地、沙漠、河流、湖泊等各类生态系统，共同构成了山水林田湖草沙综合生态安全屏障。因此，习近平总书记结合内蒙古实际，增加“沙”字很有必要。

2021年7月21日，习近平总书记在西藏视察时，在“山水林田湖草沙”之外，为这一家族加上了“冰”这一重要成员，体现了总书记对青藏高原生态保护的重视和特殊的针对性。当天，习近平总书记来到尼洋河大桥，听取雅鲁藏布江及尼洋河流域生态环境保护和自然保护区建设等情况汇报。习近平总书记强调，要坚持保护优先，坚持“山水林田湖草沙冰”一体化保护和系统治理，加强对重要江河流域生态环境保护和修复，统筹水资源合理开发利用和保护，守护好这里的生灵草木、万水千山。

“山水林田湖草”这些重要成员的关系也不是静态不变的，恰恰相反，在基本可以忽视人的影响的情况下，它们其中的一个或几个有时会发生剧烈变化。

小知识：

猴子捞月亮故事的生态问题

我们几乎每个人都曾听过或讲过一个著名的童话故事，就是“猴子捞月亮”，讲的是在山上一个古井旁，生活着一群猴子。一天，一只猴子突然看见了井中的月亮，于是惊慌失措，于是大家一起捞月亮……

可是，这个故事对于现在很多城里的孩子来说，包括大部分农村的孩子来说，有一个致命的硬伤，那就是不清楚什么是“井”，很少有人能够看见“井水”，更别提“月亮掉到井里去了”！

究其原因，就是地下水位下降，古式老井废弃，如今的井水水位都很深，站在井旁根本难以看见井水，以至于月亮照到井里的故事也只能当故事讲了。不过，笔者年幼时，就经常在自己故乡的井旁看大人们打水，甚至还有和姐姐一起用井绳在井中取水的经历。只是后来早早到县城读书，对“井”的概念越来越模糊了。

因此，我们人类看待大自然应该坚持居安思危、处静虑乱，不要一成不变地看待自然环境的每一个要素，而是要增强历史观念，善于从一个大的尺度、从长远观点看待自然，认识到自然周期性。比如说“水”这一善变因素，就会常常给我们带来意想不到的生态问题。它有时会出现大旱，严重影响工农业生产和人民生活，甚至在一定技术条件下，由于大量开采地下水等原因，还会形成大面积的地下水位下降，“古”井干涸，机井越来越深，甚至出现严重“漏斗”等生态问题。

但是，干旱“漏斗”等现象并不能改变大自然的周期性、规律性，往往会在大旱之后出现大涝。“久旱逢甘霖”一般情况下是大好事，如果出现极端，则有可能是灾害。对待自然变化，我们的思维要保持多纬度，避免完全按着自己的主观愿望设想自然界的发展趋势，包括气候冷暖干湿的变化，或者相反，尽往坏处想，整天担心地球要么即将面临变暖，要么又要进入冰河期，等等。这些都不是我们应有的处事态度。

小知识：

2021年华北平原的秋冬内涝

2021年秋，我国很多地方全年降雨量超历史均值，河北、河南、山西、陕西等北方常年干旱较多的地区，更是在夏季降雨几近饱和，甚至在河南郑州市区内涝的背景下，又出现了少见的秋雨连绵，降雨量之大，为笔者有生以来从未遇到过的。当年10月初秋降雨之大，直至12月中下旬，在河北邯郸、邢台等地农村的农田里仍有不少积水。为了完成秋收，农民们只好穿着水裤雨鞋，在没膝的泥泞水田中收获玉米。他们以大盆作“船”运输收下的玉米，然后用绳子把打了眼的大盆拉出地头。

◎ 依稀可见当初大盆运粮水道的玉米地

直到2022年元旦，在河北省的邢台、邯郸等地公路两侧的沟坎中还能看见结冰的积水，一些农田仍是一片汪洋的“水田”，让人产生仿佛置身江南的感觉。很多低洼地带越冬小麦最终没能种上，甚至春天都没能耕种上。当地农业生产、农村经济、农民生活深受影响。

这些问题出现的原因，肯定与降雨量有关，但笔者认为，这也和这么多年农田水利，尤其是排水设施的废弃有关。因为，笔者年少在家读书时，田地前头都会有一个很深的大沟，旱时可用于灌溉，涝时则能排放。这些年因为长期干旱，耕地又紧张，于是为了扩大种植面积，就都把昔日的排水灌溉沟夷为耕地了。于是在受到自然的惩罚时，“水田”肯定无法避免。自然的规

◎ 不是江南水乡的华北平原农村

律，要敬畏，要遵循！至于由此引起的地下水位上涨，常年难以解决的漏斗的萎缩，算是不幸之中的万幸，也成为马克思主义辩证法任何事物都是有利就有弊主张的又一体现。

因此，实事求是地看待天气与环境变化，是每一个环保工作者应有的职业道德底线。气候、环境与生态变化，一切都要尊重客观历史、尊重事实，决不能根据某些需要而不顾事实地下结论、讲“道理”，误导群众，影响决策。比如，看见蓝天白云，就讲生态文明建设的成就；一旦出现空气质量较差的天气，就大谈生态文明建设的重要性；天气暖和一些就说全球在变暖，一旦出现短暂气温下降，则保持沉默，或坚持固有观点，抛出与“一个人是在健康的背景下病死”类似的“全球气候变暖趋势下的极寒天气”的自相矛

◎ 因内涝没能种上冬小麦的大片玉米茬地

◎ 出村之路被淹的华北平原农村

盾的说法。也不能在解释恐龙灭绝时，把原因归咎于小行星撞击地球造成的大火和烟尘引起的地球气温大幅下降，导致生物灭绝。而日常又说，烟尘、二氧化碳等是温室气体，会引起地球气温上升。也就是说，我们无论如何也不能一会儿说烟尘、二氧化碳会引起变暖，一会儿又在谈论美苏核大战将引起“核冬天”而导致全球变冷。任何不顾事实与科学、不讲逻辑的武断式做法，永远无法让人心悦诚服，并且对人类实践也往往具有很大的危害性。

三、生态产业化、产业生态化的经济体系

习近平生态文明思想是确保党和国家生态文明建设事业发展的强大思想武器、根本遵循和行动指南。2018年5月18日至19日全国生态环境保护大会在北京召开，习近平总书记出席会议并发表重要讲话。习近平总书记在全国生态环境保护大会上首次提出“生态文明体系”，明确生态文明体系的丰富内涵，强调提出要加快构建生态文明体系，把生态环境作为经济社会发展的内在要素和内生动力，加快建立健全以生态价值观念为准则的生态文化体系，构建以产业生态化和生态产业化为主体的生态经济体系；把整个生产过程的绿色化、生态化作为实现和确保生产活动绿色化和生态化的途径、约束和保障。①

“生态产业化”顾名思义，是由“生态”和“产业化”组合而成的复合词。其中“生态”通常指“自然生态系统”，这里特指生态建设和生态工程；产业化是“将所设计和实施的生态工程，形成为创造和满足人类经济需要的物质和非物质生产的、从事盈利性经济活动并提供产品和服务的产业”。

基于对“生态”和“产业化”的上述理解，学术界一般认为，生态产业

① 习近平：《推动我国生态文明建设迈上新台阶》，《求是》2019年第3期。

◎ 生态产业化背景下的张家口风力发电

◎ 风光如画的安徽石潭村

◎ 江南水乡

化是指依据生态学和经济学等的生态服务和公共产品理论，按照产业化规律推动生态建设，按照社会化大生产要求开展工农业生产，将生态环境资源作为特殊资本来运营，实现保值增值，促进经济与生态良性循环。将生态服务由无偿享用的资源转变为需要支付购买的商品，按照社会化大生产、市场化经营的方式来实现生态服务和生态产品的价值。

生态产业化是按照产业发展规律推动生态资源开发与建设，按照社会化大生产、市场化经营方式提供生态产品和服务，推动生态要素向生产要素、生态财富向物质财富转变，促进生态与经济良性循环发展。生态产业化的实质是针对独特的生态资源禀赋和环境条件，建立良性循环的生态建设与经济发展机制，实现生态资源的保值增值。

生态产业化最早、最受欢迎的产业就是生态旅游业，自古就有强大生命力。实施生态产业化说得通俗一些就是，把“绿水青山”变成“金山银山”，让优美的生态成为新的卖点，给当地百姓带来经济效益，乃至形成一批产业，实现区域经济社会快速发展。这就要求我们依据各地生态特色，形成强大的经济实体，产生特定的规模经济；同时，形成良好的生态效果，带来巨大的环保价值。河北塞罕坝、四川九寨沟、安徽黄山、长江三峡、江西婺源等优美的自然和人文环境，就是生态产业化成功的典型，值得各地学习借鉴。全国许多地方推出的长寿村、无雾霾之地等生态旅游宣传热点地区，也是现实中生态产业化的积极探索和比较成功的代表。

产业生态化则是指在自然系统的承载能力内，对特定地域或空间内的产业系统、自然系统与社会系统之间进行耦合优化，达到充分利用资源，消除环境破坏的目的，协调自然、社会与经济的持续发展。其实质是在不同的产业、企业之间建立起循环经济的生态链，减少废弃物的排放，降低能耗和水耗，防止对周边环境的污染与破坏，在提高产业经济发展质量和效益的同时，最大限度减少对环境的影响，实现可持续或者说高质量发展。

产业生态化是立足我国资源瓶颈明显的国情，按照绿色、循环、低碳发展要求，利用先进生态技术，培育发展资源利用高、能耗排放少、生态效益好的战略新兴产业，改造传统产业，淘汰落后产能，促进绿色发展。生态农业是新时代我国产业生态化最有发展潜力的领域，钢铁、水泥、玻璃、矿业等高耗能行业是产业生态化任务最为紧迫而又繁重的领域，都要作为各地经济转型升级、向产业生态化进军的主攻方向。

小知识：

中国不宜再笼统地提地大物博

长期以来，我们曾赞叹中国地大物博、人口众多。如今，随着我国经济社会的飞速发展，尤其是GDP达到世界第二位之后，资源环境压力明显加大，再提地大物博显然已不合时宜，而且与时俱进地开展国情教育，能有效破除资源困境，增强人们的节约意识，加快经济社会转型升级。这已经成为今后相当一段时期中国面临的严峻课题。

当年我们强调中国“地大物博”并非没有根据，因为中国拥有丰富的矿产资源，目前已经发现了171个矿种，探明储量的达到159种，其中20多种矿的储量位居世界前列，如钨、锡、锑、稀土等大约12种位居世界第一。从探明的总储量来看，中国仅次于美国和俄罗斯，居世界第三位，这当然是中国“地大物博”的有力证据。

然而，目前中国共有262座资源型城市，一部分资源型城市开采已经枯竭，历史遗留问题很多。一部分城市虽然资源开发强度很大，但综合利用水平太低，转型升级和可持续发展任务艰巨。中国20世纪中期建设的国有矿山，有三分之二已进入“老年期”，并因此造成300万职工下岗。

尤其是作为“世界工厂”，中国每年向全球出口数量惊人的产品，生产这些产品消耗着大量的资源，其中许多是不可再生资源，例如矿物资源。几十年最多几百年后，地球经历几十亿年才形成的化石燃料在中国将消耗殆尽。中国出口得越多，资源就消耗得越快，资源枯竭也越快。若干年后中国资源也许将陷入全面枯竭，这绝非耸人听闻。

先说石油。石油的重要性是不言而喻的。新中国成立前，中国石油的产量微乎其微，主要靠进口，所以有“洋油”之说。新中国成立初期情况依旧。后来开发了大庆油田，中国实现了自给，此后还略有出口，所以中国人豪迈地喊出了一句口号：“中国把贫油的帽子扔进太平洋了！”1985年中国石油出口达到3540万吨的巅峰后开始回落，1993年又恢复进口石油。

此后，随着经济的高速增长和汽车走进千家万户，中国石油的消费量急剧上升，进口量也大幅增加。2018年中国的石油进口量超过美国，成为全球头号进口国；2020年进口量高达5.4亿吨，对进口石油依存度已达73.5%。虽然目前中国的石油产量位居全球第六位，但储量仅占第十三位，还不及科威特的四分之一，而科威特的面积还不到中国的0.2%。

从中国国内油田有限的增产潜力和对石油需求有增无减的趋势来看，今后中国对进口石油的依存度还将继续提升。除了部分进口石油从俄罗斯通过火车运入以外，近三分之二的进口石油来自中东和非洲地区，所以仍须经由印度洋、马六甲海峡和南中国海运抵中国各港口。这无疑产生了中国能源供应安全的严峻问题。

再说天然气。由于天然气是一种清洁能源，所以在应对气候变化的进程中，天然气的地位在明显提升。虽然中国早在1835年就于四川自贡，在世界上率先开采出了天然气，但中国的天然气储量同样难以令人乐观，仅排名全球第十二位，储量还不到卡塔尔的八分之一，卡塔尔的面积还不到中国的八百分之一。2018年中国进口天然气已超过日本跃居全球第一，2019年进口依存度上升到42.95%。而10年前这一比重仅为3.15%，同年天然气在中国能源结构中所占比重仅为7.92%，而全球平均为24%。

2007年中国建成了第一条天然气管道，从新疆塔里木到上海，全长4200千米，投资额高达3000亿元，年输气量为620亿立方米。随后又建成了中缅油气管道，其中的天然气管道长度达1727千米，此举显然有规避马六甲海峡风险的考量。

中国－中亚天然气管道始于土库曼斯坦和乌兹别克斯坦边境，从霍尔果斯进入中国，成为“西气东输二线”。中国国内的天然气产量虽然也在增加，但远远赶不上需求的增长，今后对进口天然气的依存度将进一步提升。

第三讲铁矿石。中国是全球头号钢铁生产国，2020年中国钢产量占全球56.7%之多！中国国内虽然也有一定的铁矿石储量，但国内铁矿石的品位太低，平均品位仅为34.3%；而印度和俄罗斯均为64.2%，南非也高达62%，巴西为52%，澳大利亚是48%。中国的大型钢铁企业基本上都采用进口铁矿石。

近年来，中国对铁矿石的需求直线上升。2019年中国的铁矿石进口量高达10.7亿吨之多，而全球的铁矿石交易量也就22亿吨！中国居高不下的进口量，使得全球铁矿石巨擘赚得钵满盆满，价格一再上涨，中国为此付出的代价相当高昂。铁矿石等大宗产品价格的急剧上升，还明显拉动了中国物价的攀升。中国钢铁企业虽然也竭尽全力在国外开发建设铁矿，但铁矿建设周期相当长，还包括从矿山到沿海港口的铁路，远水救不了近火。

实施产业生态化要求我们在生产中大力推广资源节约型生产技术，建立资源节约型的产业结构体系，减少对环境资源的破坏，倡导绿色环保消费。产业生态思想借鉴的是生态系统中的一体化模式，它不是考虑单一部门与一个过程的物质循环与资源利用效率，而是一种系统地解决产业活动与资源、环境关系的研究视角。

实施产业生态化是生态文明时代经济发展的要求，工业生产如此，农业同样如此。生态文明背景下发展农业，要按照特色发展理念，构筑起环环相扣、特色明显的现代农业发展格局。只有这样，我们才会实现“产业兴旺、生态宜居、乡风文明、治理有效、生活富裕”的乡村振兴目标要求。

生态产业化和产业生态化两者的关系是：产业生态化是生态产业化的基础，生态产业化是巩固、扩大和转化产业生态化成果的保证。产业生态化和生态产业化要遵循自身的发展规律，应具备必要的前提条件，切不可一哄而上，也不能因噎废食。

小知识：

乡村人居环境改善和“木煤”等生态产业大发展

随着工农业生产发展和人民生活水平提高，过去城乡居民做饭取暖烧秸秆、落叶、杂草和干柴碎木等风光已不再，于是在城乡，尤其是农村的房前屋后、地头路旁、破旧院落等地方，经常看见这些亟待加工利用的“废物”堆积。这不仅是资源浪费，还容易形成野火，污染环境，危害广大群众身心健康和生命财产安全，已经成为乡村振兴中必须解决的紧迫课题。以下三条可作为解决路径。

首先，“木煤”是城乡闲置可燃资源去处的首选。所谓“木煤”又名木质

◎ 一些农村随处可见的木质废料

◎ 农村环境与“废物”存放

◎ 一些地方房前屋后的闲置能源

颗粒，是把秸秆、落叶、杂草和干柴碎木等城乡废弃物，经粉碎、干燥、筛选、再碎、挤压等5个步骤“变身”而来的一种新能源。由削片机“粉碎”秸秆后先干燥处理，干燥后进行“清洁筛选”，将其中的金属物质和土石等杂质分离。然后再将这些细碎屑用传送带“送入”螺旋喂料器，由自动加水装置喷洒适量水，接着充分混合搅拌。搅拌后将混合物注入挤压机。挤压机通过高温高压将碎屑压缩成一定直径的长条圆棒形状并挤出，切割成2～3 cm的颗粒状“木煤”。经过这样5个步骤生产的“木煤”完全可以替代传统煤炭，且更安全、环保。

从上面可知，“木煤”不仅燃烧效率高，1吨木煤相当于1吨二类烟煤的燃烧效率，而且作为生物质能源，更加绿色环保。煤炭在锅炉中燃烧后，排出大量的飞灰、炉渣、二氧化硫和二氧化碳，其中飞灰和二氧化硫是空气主要污染物，炉渣占用大量的土地面积，二氧化碳是主要的温室气体。而木煤燃烧则可最大限度地减少这些物质的排放。

同时，一套“木煤”处理装置，工艺技术不复杂，成本也不高。木煤的制作成本大约600元每吨，低于同热值传统煤炭。

欧美等发达国家“木煤”生产已占能源消费很大比重。美国为了节省天然气和石油，减少二氧化碳和二氧化硫的排放量，早就大力倡导使用木质颗粒燃料，并给予适当补贴，部分发电和供热的燃料被木质颗粒燃料所取代。早在2005年，木质燃料资源利用率就已占到美国能源需求的10%左右。我国南京林业大学等单位经过攻关已经掌握该技术，河北省承德等地也有企业从事此生产。只是缺乏政府的大力支持和积极推广。

其次，食用菌菌棒是另一理想消化渠道。常言道，废物是放错地方的资源，干柴、朽木就是如此，除了制成“木煤”外，它加工后还是培养蘑菇等食用菌的材料。河北省很多地方都在利用这一资源，发展起了一个新兴产业，生产的蘑菇、银耳、木耳、香菇、金针菇、滑菇、松口蘑、猴头菇等，大大丰富了城乡人民生活，也促进了出口贸易和乡村振兴，优化了城乡环境。为此，国家可进一步制定专项扶持政策，支持河北省及京津乡村把这一利国利民利生态的产业做大做强，美化城乡环境，丰富市民菜篮子，提高农民收入，加快乡村振兴步伐，促进京津冀协同发展。

再次，掩埋造地肥田也是一个出路。我国东北大平原之所以有大片的黑土地，成为我国的大粮仓，历史上长期累积的落叶、碎木等形成的沃土是根本之所在。如今，在河北省城乡，在平原、丘陵、半山区，都有一些闲置坑塘或不平之地，这些树叶、干柴完全可以收集起来用于填坑。或者用于堆积农家肥，成熟后再用于还田，提高土地肥力，同时减少化肥使用量及提高农产品品质。北京、天津郊区县等地区，也可积极参与，因为京津城乡同样存在海量的需要“处理”的资源。

无论是实现“碳达峰”“碳中和”目标，还是发展生态产业，都要求“木煤”和食用菌等生态产业的大发展。它既可消化农林剩余，减少秸秆焚烧，还可替代农村地区燃煤，环保意义不言而喻。据测算，河北省承德地区每年农林剩余物资源总量500多万吨。其中，林业“三剩”物资源约350万吨、农作物秸秆资源约130万吨、食用菌废弃菌棒总量约25万吨。这些农林废弃物每年可生产“木煤”产品约180万吨，能够满足该市农村近一半的能源需求。以上三种方式，不必做统一要求，可以本着宜“（木）煤”则煤、宜（食用）菌则菌、宜埋则埋的原则，因地制宜，不断促进城乡环境改善和资源有效利用。

一般来讲，生态环境保护与产业经济发展之间存在着双向的矛盾性，二者互为需求，互为供给。其中，产业经济发展要投入大量生态环境资源，可能会产生生态污染与环境破坏，恶化的生态环境会反制产业经济的可持续发展；而产业经济发展又可以为生态保护和环境治理提供大量资金和设备，有利于生态环境质量的改善和提高。

我们要构建以生态产业化和产业生态化为主体的生态经济体系，就是要破解环保与发展的矛盾，将生态优势向产业优势提升，让生态产业反哺生态

◎ 张家口的冰雪小镇努力把严寒“优势”做成产业

保护，使生态资源在开发中得到更好的保护。这样做有利于欠发达地区乡村振兴，建设美丽中国，开启全面建设社会主义现代化强国新征程，实现中华民族伟大复兴的中国梦。

我们要从保护和开发的角度来思考，绿色发展还是要发展，不能守着绿色过穷日子，要让绿色产业强国富民，让“绿水青山就是金山银山，更让绿水青山变出更多的金山银山”。建立健全生态文明生态经济体系，实现产业发展与生态资源融合，必须做到增强意识、科学规范、制度引导和有效监督，才能让生态保护与经济发展形成良性循环。

总之，城市园林绿化垃圾和乡村农林作物秸秆等“废弃物”都属于我们常说的可再生能源，而天然气、石油、煤炭等则不然，都属于不可再生能源，也就是理论上存在用尽的那一刻。真该抓好这个问题，人死后必须烧而秸秆不准烧的矛盾尴尬事实再不能继续下去了。

小知识：

园林绿化垃圾

园林绿化垃圾主要指园林绿化改造、建设、管养过程中产生的乔木、灌木、花草修剪物，以及植物自然凋落产生的植物残体，通常包括树枝、树叶、草屑、花卉等，具有量大类多、分布广泛、季节性强、收集运输简单、可再生性强、利用方式多样等特点，是我国亟待资源化开发利用的巨大潜在性资源。

四、天蓝、地绿、水清的美丽中国

“美丽中国”是浪漫主义和现实主义的完美结合，是一幅山清水秀人美的如诗画卷，也是人民群众日益增长的美好生活需求之一。走向生态文明新时代，建设美丽中国，是实现中华民族伟大复兴中国梦的重要内容。

“美丽”是最普惠的民生福祉。“爱美之心，人皆有之。”习近平总书记在社会主义现代化强国语境下的“美丽”，和十八大以来党和国家关于“美丽中国”“美丽乡村”的“美丽”，都主要是从生态优美、环境友好角度讲的。十九大之前，包括十八大[①]，我们党的历次全国代表大会，都没有把“美丽”作为社会主义现代化强国的目标，只有到了十九大才加上了“美丽”这两个字。把“美丽”纳入“社会主义现代化强国”的奋斗目标，是党的十九大的一大亮点，是对中国梦内涵的丰富与完善，顺应了时代潮流，契合了广大人民群众对美好生活的新期待，有利于凝聚中国社会各阶层共同为中国梦而奋斗。

“美丽中国”是党的十八大提出的概念，它强调把生态文明建设放在突出地位，融入到经济建设、政治建设、文化建设、社会建设各方面和全过程。2012年11月8日，在十八大报告中，“美丽中国”首次作为执政理念出现。2015年10月召开的十八届五中全会上，“美丽中国”首次被纳入国家的五年规划（“十三五”规划）。2017年10月18日，习近平同志在党的十九大报告中指出，加快生态文明体制改革，建设美丽中国。

2019年习近平总书记在中国北京世界园艺博览会开幕式上的讲话中指出，要追求“人与自然和谐”，并在以往用“天蓝、地绿、水清”描绘美丽中国的基础上，为我们详尽地描述了美丽中国的迷人愿景：“山峦层林尽染，平原蓝绿交融，城乡鸟语花香。这样的自然美景，既带给人们美的享受，也是人类走向未来的依托。无序开发、粗暴掠夺，人类定会遭到大自然的无情报复；合理利用、友好保护，人类必将获得大自然的慷慨回报。我们要维持地球生态整体平衡，让子孙后代既能享有丰富的物质财富，又能遥望星空、看见青

---

① 胡锦涛在中国共产党第十八次全国代表大会上的报告《坚定不移沿着中国特色社会主义道路前进为全面建成小康社会而奋斗》第八部分专门论述了“大力推进生态文明建设”，并在第二部分“夺取中国特色社会主义新胜利”中提到“只要我们胸怀理想、坚定信念，不动摇、不懈怠、不折腾，顽强奋斗、艰苦奋斗、不懈奋斗，就一定能在中国共产党成立一百年时全面建成小康社会，就一定能在新中国成立一百年时建成富强民主文明和谐的社会主义现代化国家”。

山、闻到花香。”[1]

小知识：

新时代生态文明探索不断深化

继党的十七大首次提出生态文明概念后，2012年，党的十八大首次将生态文明建设纳入中国特色社会主义事业“五位一体”总体布局，把“美丽中国”作为生态文明建设的宏伟目标，将“中国共产党领导人民建设社会主义生态文明”写入党章。2015年10月29日，十八届五中全会审议通过《中共中央关于制定国民经济和社会发展第十三个五年规划的建议》，首次将“生态文明建设”写入五年规划；2017年，党的十九大首次提出建设“富强民主文明和谐美丽”的社会主义现代化强国的目标，首次将生态文明提高到中华民族

◎ 九寨风景美如画

① 习近平：《共谋绿色生活，共建美丽家园》，人民网2019年4月29日。

永续发展的千年大计新高度；2018年3月，全国人大首次将“生态文明”写入宪法；2021年我国关于碳达峰、碳中和顶层设计文件《中国应对气候变化的政策与行动2020年度报告》出炉，将碳达峰、碳中和纳入生态文明建设整体布局，显示美丽中国建设开启新阶段。

蓝绿打底，绘就美丽中国。“污染防治攻坚战”作为党的十九大确定的三大攻坚战之一，各地各部门按照党中央、国务院的决策部署，循环经济发展成效显著，环境污染治理全力推进，大气污染防治不断强化，重点流域海域污染防治稳步推进，生态保护与修复力度持续加大，环境基础设施建设水平提高，环境污染治理投资扩大，蓝天绿水越来越多，生态环境保护发生历史性转变。

在美丽中国建设道路上，我们将越走越远。到2035年，生态环境质量实现根本好转，美丽中国目标基本实现。到21世纪中叶，物质文明、政治文明、精神文明、社会文明、生态文明全面提升，绿色发展方式和生活方式全面形成，人与自然和谐共生，生态环境领域国家治理体系和治理能力现代化全面实现，建成美丽中国，实现中华民族百年的伟大复兴梦想。

美丽中国建设目标的提出，是对已经发生的社会主义初级阶段基本矛盾阶段性变化以及广大人民群众政治新期盼（所想、所盼、所急）的主动回应，即努力提供更多优质生态产品，不断满足人民日益增长的优美生态环境需要。把“美丽中国”纳入中国梦，把“美丽”作为中国特色社会主义现代化强国目标的新内涵，可以说充分体现了生态文明建设是关系中华民族永续发展的根本大计精神，顺应了社会各阶层从“求温饱”到“盼环保”、从“谋生计”到“要生态”①的新需求，是对我国社会主要矛盾变化作出的新部署，为把全体中国人民都团结在我党领导的社会主义现代化强国的宏伟目标之下，奠定

① 杨根乔：《“美丽”：社会主义现代化强国目标的新内涵》，《合肥日报》2017年11月9日。

了根本基础。

美丽中国建设正在广泛而深刻地改变着中国经济社会发展面貌。新中国成立以来，经过一代代中国人的接续奋斗，特别是党的十八大以来，在习近平生态文明思想指引下，人们的生态文明意识不断提高，我国生态文明制度不断完善，生态文明具体实践不断推进，从我国的北方大漠到江南水乡，从青藏高原到吐鲁番盆地，从深居内陆的西北到滨海岸边的东南，森林更多更壮实，草原更绿更茂盛，沙区扩张得到遏制，蓝绿空间越来越多，生态环境质量持续明显改善，茫茫荒原正在变为葱葱绿林，废弃矿山正在成为景区公园，纳污坑塘正在出现碧水清波，一幅天蓝、地绿、水净的美丽中国宏大画卷，正在徐徐绘就展开。

推进绿色发展，让绿水青山造福人民群众，不是权宜之计，而是长久之策，必须咬定青山不放松，风雨无阻向前行。面对新冠疫情冲击和世界经济衰退影响，坚定不移地走高质量发展之路，要增强生态文明建设的战略定力，向绿色转型要出路、向生态产业要动力，通过发展绿色产业吸引大量就业，通过发展休闲旅游释放无限商机。端好绿水青山的“金饭碗”，念活绿色经济的“致富经”，幸福生活和可持续发展将更有支撑，美丽中国将铺展开新的画卷。

五、乡村美丽，城乡统筹的生态文明

“美丽乡村”源于2005年10月召开的中国共产党第十六届五中全会。全会提出建设“生产发展、生活宽裕、乡风文明、村容整洁、管理民主”的社会主义新农村。“中国美丽乡村”于2008年由浙江省安吉县最早提出。当时，该县出台《安吉县建设“中国美丽乡村”行动纲要》，提出10年左右时间，把安吉县打造成为中国最美丽乡村。安吉县美丽乡村建设不但要改善农村生态与景观，还要打造出一批知名的农产品品牌，带动农村生态旅游发展，增

◎ 河北阜平县龙泉关镇骆驼湾村

加农民收入，为社会主义新农村建设探索出一条创新发展之路。此后，“中国美丽乡村”在浙江省铺开，并发展到广东省增城、花都、从化等市县和海南省。如今，“美丽乡村”建设已成为中国社会主义新农村建设的代名词，全国各地掀起美丽乡村建设高潮。

生态文明建设是美丽乡村建设的重要内容与手段，建设美丽乡村为农村生态文明建设提供重要保障。天蓝、地绿、水清的美丽中国是全体中国人心中的梦想。如果说工业污染，特别是大气污染已成为我国一些城市生态文明建设突出问题的话，那么，农村生态则是我们整个国家经济社会发展和生态文明建设的突出短板。前些年，有人曾经坦言，我国的城市像欧洲，农村像非洲。[①]虽然说不准确，但也道出了我国城乡间环境的差距和乡村容貌存在的紧迫问题。中国城市的现代化步伐正在追赶美国或者一些欧洲城市（虽然有的城市早已失去了以前的地方或民族风格，取而代之的是现代化、国际化或

① 王春光：《中国的城市化：“城市像欧洲，农村像非洲”》，《中国教育报》2010年2月8日。

千篇一律化的城市建筑群，造就了一个个大都市的形态，使中国的城市越来越干净卫生漂亮，简直像欧洲一样)，处处是公园绿植草坪。

然而，我国广大农村的面貌则不尽然。确实，党的十八大以来，在党中央、国务院的坚强领导下，积极实施乡村振兴战略，各地区各部门把改善农村人居环境作为乡村振兴的重要内容，大力推进农村基础设施建设和城乡基本公共服务均等化。经过我们的不懈努力，脱贫攻坚取得历史性成就，广大农村发生了翻天覆地的变化，农村人居环境建设取得显著成效，贫困农村面貌更是变化惊人。遍布全国各地的美丽乡村，俨然是一张张亮丽的明信片，成为远近闻名的旅游度假休闲目的地，一些地方还以其优美的环境、良好的生态，养育了一方人，成为远近闻名的“长寿村”“长寿乡”，绘就了美丽中国的乡村画卷。

小知识：

习近平总书记与骆驼湾村“脱贫攻坚”

骆驼湾村位于河北省保定市阜平县龙泉关镇，全村人口600余人，分15个村民小组。阜平县属太行深山区，抗日战争时期属晋察冀边区，改革开放后长期属于国家扶贫开发重点县和全国连片特困区。骆驼湾村属于特困村，人均年收入曾经仅仅900多元。因为土地贫瘠，道路狭窄崎岖，交通不便，加上阜平县也是全国的贫困县，所以村里不少村民生活相当困难。

2012年12月30日，履新中共中央总书记仅一个半月的习近平，本着“看真贫”的目的，将阜平县作为下乡“访贫”的首站，走访了骆驼湾村和顾家台村两个贫困山区的典型代表村。习近平总书记冒着严寒、踏着积雪，看望慰问困难群众，鼓励干部群众“只要有信心，黄土变成金”，大家一起努力，脱贫致富奔小康。习近平总书记视察之后，骆驼湾村一夜之间从太行山深处默默无名的特困村变成全国瞩目的脱贫攻坚试点。

骆驼湾村天蓝水绿，空气质量非常好，可产出优质香菇；骆驼湾村夏天最高气温也低于30 ℃,是一个天然的避暑胜地。于是，打造乡村生态旅游、山下发展食用菌种植、山上种植新型果树的产业脱贫思路，就此确定。2012年，脱贫攻坚的动员令从这里发出，小山村也找到了致富路。在上级部门的大力支持下，骆驼湾村人始终不忘总书记嘱托，继续发扬老区人民勤劳肯干的精神，凝心聚力，砥砺前行。经过10年艰苦创业，骆驼湾村的经济社会发展发生了翻天覆地的变化，脱贫攻坚取得决定性胜利。2019年，骆驼湾村人均可支配收入达1.3万元。2020年11月，骆驼湾村入选为第六届全国文明村镇。骆驼湾的成功，以实践诠释了“绿水青山就是金山银山”这一生态理念的强大力量。

特别是2018年实施“农村人居环境整治三年行动”以来，广大农村涌现出许多令人向往、游人如织的美丽乡村，它们像塞罕坝一样，既是旅游胜地，也是我国生态保护、生态修复的样板。特别是浙江省15年间久久为功，扎实推进时任浙江省委书记习近平亲自推动的“千村示范、万村整治”工程，造就了万千美丽乡村。2018年9月安吉县和塞罕坝一样，也荣获了联合国环境规划署授予的环保最高奖“地球卫士奖”。

同时，我们仍需看到，我国的城乡差距依然存在，广大农村的人居环境状况还很不平衡，不少乡村的经济发展和人居环境还有许多工作有待开展，有的甚至还很艰巨。相对于塞罕坝与许多美丽乡村，相对于广大农民群众对美

◎ 华北某农村一角

◎ 某地农村乱倒的垃圾

好生态生活的向往，许多乡村的生态更显脆弱，脏乱差问题还比较突出。实现脱贫攻坚和乡村振兴的有效衔接，加快美丽乡村建设可谓任重而道远。“农村像非洲”的说法虽已不够贴切，但似乎仍符合一些村庄严峻生态短板实际。

广大农村的生态环境问题，既有农业生产方式不科学、不合理，化肥农药使用不合理导致土地退化，灌溉不科学造成水资源浪费的生产模式问题，也有饮用水不安全、卫生厕所少、燃煤取暖污染大等生活方式问题，更有环保意识不强、垃圾随意堆放及秸秆焚烧屡禁不止的思想认识问题。同时，还存在城镇污染下乡，使农村成为垃圾处理场的问题。乡村环境问题，既影响广大农民群众身心健康和美丽中国形象与进程，也制约城市生态改善。因为，人有户口限制，污染却能流动。农村受污染的农产品，可以端上市民的餐桌，污染的空气，可以漂到城市的上空。

小知识：

《农村人居环境整治提升五年行动方案（2021—2025年）》

改善农村人居环境，是以习近平同志为核心的党中央从战略和全局高度作出的重大决策部署，是实施乡村振兴战略的重点任务，事关广大农民根本福祉，事关农民群众健康，事关美丽中国建设。2018年“农村人居环境整治三年行动”实施以来，各地区各部门认真贯彻党中央、国务院决策部署，全面扎实推进农村人居环境整治，扭转了农村长期以来存在的脏乱差局面，村庄环境基本实现干净整洁有序，农民群众环境卫生观念发生可喜变化、生活质量普遍提高，为全面建成小康社会提供了有力支撑。但是，我国农村人居环境总体质量水平不高，还存在区域发展不平衡、基本生活设施不完善、管护机制不健全等问题，与农业农村现代化要求和农民群众对美好生活的向往还有差距。为加快农村人居环境整治提升，2021年12月，中共中央办公厅、国务院办公厅制定并印发了《农村人居环境整治提升五年行动方案（2021—2025年）》（以下简称《方案》）。该《方案》坚持以人民为中心的发展思想，践行绿水青山就是金山银山的理念，深入学习推广浙江“千村示范、万村整治”工程经验，以农村厕所革命、生活污水垃圾治理、村容村貌提升为重点，巩固拓展农村人居环境整治三年行动成果，全面提升农村人居环境质量，为全面推进乡村振兴、加快农业农村现代化、建设美丽中国提供有力支撑。

该《方案》明确了工作的总体要求，部署了扎实推进农村厕所革命，加快推进农村生活污水治理，全面提升农村生活垃圾治理水平，推动村容村貌整体提升，建立健全长效管护机制，充分发挥农民主体作用，加大政策支持力度，强化组织保障等重点任务和工作，必将对促进我国农村人居环境明显改善，优化村庄环境，增强村民环境与健康意识起到重大推动作用。

中国要美丽，农村绝不能掉队。要以实施乡村振兴战略为总抓手，深入学习推广浙江“千村示范、万村整治”工程经验，通过实施“农村人居环境整治提升五年行动”，抓重点、补短板、强基础，搞好农村人居环境整治，切实补齐农村人居环境短板。要深化农村垃圾污水治理、厕所革命和村容村貌提升工作，促进农村人居环境不断改善。要抓住农村生态文明与美丽乡村建设的契合点，以建设美丽乡村为载体推进生态文明建设，抓环境保护整治，抓循环利用，提高资源利用率，普及生态理念，提高群众幸福指数和生态文明参与率。要立足村庄实际，以生态立村为导向引导发展方式转变，坚持用战略的眼光看待短期经济效益和长期综合效益，严防一些高污染、高耗能企业向农村转移。要以绿色经济为支撑培育发展生态产业，重点发展生态农业、农家乐等产业，形成以清洁工业为主体的产业体系。

小知识：

农村“厕所革命”

“小康不小康，厕所算一桩。”厕所是衡量文明的重要标志，改善厕所卫生状况直接关系到国家人民的健康和环境状况。农村厕所革命是一场生活方式革命，是推进农村人居环境整治，实现乡村文化振兴、生态振兴的重要举措，也是推动农村全面进步、农民全面发展的有力抓手。对于我国大部分农村而言，有独用厕所的农户比例很高，但很多都是旱厕，存在很多的卫生隐患，且易传播病源的蝇虫等会大量产生，不利于农村环境，不利于阻断传染性疾病。

“厕所革命”这一概念最早由联合国儿童基金会提出，是指对发展中国家的厕所进行改造的一项举措。2013年7月24日，第六十七届联合国大会通过商议，确定将11月19日定为“世界厕所日”。世界厕所组织的口号是“关注全球厕所卫生”。

习近平总书记高度重视农村厕所革命工作。2015年4月1日对“厕所革命”作出重要批示：“厕所革命从小处着眼，从实处入手，这是提升旅游品质的务实之举。”2015年7月16日，习近平总书记在吉林省延边州调研时又指出，新农村建设要来场“厕所革命”，让农村群众用上卫生的厕所。

《农村人居环境整治提升五年行动方案（2021—2025年）》对农村厕所革命明确提出了“农村卫生厕所普及率稳步提高，厕所粪污基本得到有效处理”的目标要求，规划了逐步普及农村卫生厕所，切实提高改厕质量，加强厕所粪污无害化处理与资源化利用等具体路径。

推进美丽乡村建设，还要加强农村污染治理和生态环境保护，加大农业面源污染治理力度，统筹推进山水林田湖草系统治理，继续打好蓝天、碧水、净土保卫战，推动农业农村绿色发展。强化乡村规划引领，将农村人居环境整治与发展乡村休闲旅游等有机结合，实施乡村绿化美化行动，建设一批森林乡村，保护古树名木，努力绘就新时代中国的美丽乡村图景。

小知识：

面源污染

环境污染一般分为点源污染与面源污染，点源污染指有固定排放点的污染源，如企业。面源污染则没有固定污染排放点，如没有排污管网的生活污水的排放。随着国家对点源污染的治理整顿，生活污染越来越凸显出来。点源污染涉及城乡的内部环境，面源污染则涉及城乡的外部环境。

面源污染（Diffused Pollution，DP），也称非点源污染（Non—point Source Pollution，NPS），是指通过降雨和地表径流冲刷，将大气和地表中的污染物带入受纳水体，使受纳水体遭受污染的现象。根据面源污染发生区域和过程的特点，一般将其分为城市和农业面源污染两大类。

看得见山，望得见水，记得住乡愁是当下人们对美好生活的向往。随着我国城镇化的加速推进，久居城市的人们就会出现思乡情结，一些人甚至会选择回乡定居，进而出现“逆城镇化”现象，这都反映了自古以来人们对田园生活的向往。西方发达国家的发展经历也证明了这一点。在欧美各地，城市的高楼大厦不再风光无限，小巧而功能俱全的小城镇反倒成为许多成功人士向往的生活居住地。这一现象也告诉我们，必须搞好乡村振兴，必须搞好美丽乡村建设，以备未来发展之需、生活档次提升之需。留好农村后路，留好未来福地，中华民族伟大复兴之路就会越走越宽广。

◎ 山水同框，景色宜人

第四章　怎样建设生态文明？

生态文明重在建设，包括物质的，精神的。生态文明固然美好，但不会自然而然实现。它离不开人的认识程度的提高，离不开精心的呵护，也离不开最严密的法治环境和生产生活方式的升级蝶变，更离不开人人参与、全球共谋。

一、提高认识，“像保护眼睛一样保护生态环境”

是否重视是关系事业成败的关键。思想认识到位，行动才能到位讲的就是这个道理。自然界孕育抚养了人类，为人类提供了繁衍生息的理想之地，人类理应与自然和谐共生，做到尊重自然、顺应自然、保护自然。如果自然遭到系统性破坏，人类的生存和发展就会成为无源之水、无本之木。世间的很多事情，不是难办，而是不重视，认为没必要，看不到重要性。生态文明建设同样面临重视与否的问题，重视或不重视，效果肯定大为不同。

习近平总书记对生态环境工作历来看得很重。在陕西梁家河插队当知青期间，习近平总书记就开始带领农民群众修水坝、建梯田，远赴四川学习沼气技术，建成当地第一个沼气池，积极探索农村优化生产生活环境之路。正定县作为习近平总书记从政开始的地方，在担任该县县委书记期间（1983—1985年），习近平总书记结合当地实际提出，要树立“大农业思想”，只有在生态系统协调的基础上，才有可能获得稳定而迅速的发展。

在福建、浙江工作期间，更是孕育和萌发了习近平生态文明思想，先后提出长汀生态治理、福建“生态省”建设、“生态兴则文明兴，生态衰则文明衰”的主张、措施和理念，以及在浙江安吉余村提出的“绿水青山就是金山银山”理念的习近平生态文明思想的核心主张，推出了以“绿色浙江”“八八战略”“千村示范、万村整治”等为标志的生态文明建设工程。这些都充分体现了习近平总书记为官一任、造福一方的初心使命和高度重视生态资源保护、高度重视生态文明发展、高度重视生态文明对于经济社会健康发展　重要作用的情怀与实践。这些认识主张部署举措，既推动了当地环保事业发展，为后来全面推动生态文明建设积累了丰富经验，也为习近平生态文明思想的孕育形成奠定了坚实的理论与实践基础。

小知识：

“八八战略”

2003年7月，习近平同志在浙江省委十一届四次全会上，全面系统地提出面向未来浙江要进一步发挥八个方面的优势、推进八个方面的举措，即“八八战略”。这一战略把从严治党、巩固和发展风清气正的良好政治生态放在重要位置，引领浙江不断推进党的建设；高度重视加强软环境建设，提出建设平安浙江、法治浙江，总结提炼“红船精神”和与时俱进的“浙江精神”；提出推进生态省和绿色浙江建设，部署“千村示范、万村整治”工程，开启环境污染整治行动，引领浙江走进生态文明新时代。“八八战略”开辟了中国特色社会主义在浙江生动实践的新境界，成为引领浙江发展的总纲领。

党的十八大以来，习近平总书记的足迹遍及祖国大江南北、长城内外。每到一地，习近平总书记几乎都要看生态保护，促民生幸福，强调要坚持以人民为中心，像爱护眼睛一样爱护绿水青山、爱护生态环境，重点解决损害群众健康的突出环境问题，提供更多优质生态产品，更加自觉地推进绿色发展、循环发展、低碳发展。在长江之畔，总书记强调要搞“大保护”，不搞大开发，确保一江清水绵延后世、惠泽人民；在黄河源头和入海口，总书记要求让黄河成为造福人民的幸福河。2015年1月，习近平总书记在云南考察时指出，要把生态环境保护放在更加突出位置，像保护眼睛一样保护生态环境，像对待生命一样对待生态环境，在生态环境保护上一定要算大账、算长远账、算整体账，不能因小失大、顾此失彼、寅吃卯粮、急功近利。2018年5月，习近平总书记在全国生态环境保护大会上再次强调，要像保护眼睛一样保护生态环境，像对待生命一样对待生态环境，让自然生态美景永驻人间，还自然以宁静、和谐、美丽。

眼睛是心灵的窗户，是人与人沟通的桥梁，在人的生产生活生存发展中具有极其重要的地位。人一旦失去光明，生活质量将会大打折扣，痛苦无比。“像保护眼睛一样保护生态环境”强调的是生态文明建设的重要性。习近平总书记在2019年中国北京世界园艺博览会开幕式上的讲话中再次指出：“地球是全人类赖以生存的唯一家园。我们要像保护自己的眼睛一样保护生态环境，像对待生命一样对待生态环境，同筑生态文明之基，同走绿色发展之路！”① 我们要认真学习习近平总书记的这一要求，努力推动形成人与自然和谐共生的新格局。

有道是，世上无难事，只怕有心人。作为生态文明建设范例的塞罕坝，他们的生动实践也给我们理解“像保护眼睛一样保护生态环境”提供了样板。塞罕坝人深知生态环境没有替代品，倾力保护绿水青山，坚守一条底线：“只

① 习近平：《共谋绿色生活，共建美丽家园》，《人民日报》2019年4月29日。

要影响到树，只要影响到绿，眼前有大钱也不挣！”他们用满腔赤诚守护山林，把青春年华献给山林，将毕生所学用于山林，不断造林、护林、营林、爱林。三代塞罕坝人都把保护生态当作人生追求，把绿色发展融进血脉，爱林如命，护场如命，干部职工一年四季“长在”树林里，起早贪黑、顶风冒雪“抚育森林”，当年最冷的1月，几百名工人每天在雪地里都要工作八九个小时。正是他们的用心呵护、苦干坚守，常年狂风大作的高原沙地才实现了从“一棵松”到“百万亩”的历史跨越，为我国生态文明建设树起了一座绿色丰碑。

二、加强法治，“用最严格制度最严密法治保护生态环境”

哲学界有句名言，世间事不少是“知易行难”，也就是说起来容易，很多人都滔滔不绝，似乎都认识到了某件事的重要性，或者说“好处”，但是一到执行层面，受习惯、利益等驱使，人们不一定能坚守得住，甚至根本做不到，出现言行不一的现象。比如吸烟、酗酒、赌博等，许多人都承认不好，但就是戒不掉。这充分说明，认识问题是主观的，不是万能的，往往需要较强的他律性，即通过本体外的行为个体或群体对本体的直接约束和控制才能实现。也就是一些事情必须依靠他人来提供一种纪律，接受他人约束，接受他人的检查和监督。人类生态文明建设的实践也符合这一规律，问题的解决路径只能依靠制度，依靠严密的法制和切实的执行。

塞罕坝的成功，为法制在生态文明建设“贵在严格的制度”提供了生动范例与事实证明。60年间，塞罕坝林场坚持因地制宜，积极探索在生态脆弱地区林场建设和管理的模式，坚持加强森林资源管护等制度建设，在护林防火、有害生物防治、经营管理、质量考核等方面形成了一套行之有效的制度，为林场提供了良好的发展环境。

党的十八大以来，以习近平同志为核心的党中央站在民族复兴和永续发展的高度，汲取中国传统生态文化营养，把生态文明建设作为统筹推进“五位一体”总体布局和协调推进“四个全面”战略布局的重要内容，推动生态文明建设和环境保护从认识到实践，发生了历史性、转折性、全局性变化，提出了一系列新理念、新思想、新战略，包括了目标任务、方针原则、重点举措、制度保障等多方面，“严格的法治”是其突出的亮点。

坚持用最严格的制度、最严厉的法治保护生态环境，是习近平生态文明思想核心要义。习近平总书记强调，“只有实行最严格的制度、最严密的法治，才能为生态文明建设提供可靠保障”，“让制度成为刚性的约束和不可触碰的高压线”。建设生态文明，铁腕治理、严格的执法不可或缺。对于破坏生态环境的行为，必须严厉打击、提高违法成本，做到“不能手软，不能下不为例”。必须把制度建设作为生态文明建设的重中之重，加快生态文明体制改革，着力破解制约生态文明建设的体制机制。

建立生态文明制度，需要社会制度创新。如果说把生态文明建设比喻成建房子，就需要先搭起“四梁八柱”，即建立和完善一系列制度作为支撑。经过改革开放以来，特别是党的十八大以来的建设，我国环境保护的基本政策法规体系已经建立，生态文明建设的“四梁八柱”已经日臻完善。2015年9月，中共中央、国务院印发了《生态文明体制改革总体方案》。与此同时，《环境保护督察方案（试行）》《生态环境监测网络建设方案》《生态环境损害赔偿制度改革试点方案》等6项配套制度随之颁布，为实现总体改革目标保驾护航。这是我国生态文明体制改革的顶层设计，是中国经济绿色发展的强大动力、生态文明体制的“四梁八柱”[①]、建设美丽中国的体制蓝图。

在已确立的生态文明体制“四梁八柱”上，中央不断添砖加瓦，丰富完善生态文明建设制度体系，逐步形成了自然资源资产产权制度、国土空间开

① 贺迎春、余璐、朱传戈：《生态文明篇：搭建“四梁八柱”建设美丽中国》，人民网2019年1月19日。

发保护制度、空间规划体系、资源总量管理和全面节约制度、资源有偿使用和生态补偿制度、环境治理体系、环境治理和生态保护市场体系、生态文明绩效评价考核和责任追究制度等。美丽中国的“四梁八柱”将引导我国生态文明建设逐步走上制度化、法治化轨道，为生态文明建设“保驾护航”。

再好的法律制度，如果得不到落地执行也将是徒有其名。十八大以来，我国通过各种办法，加大已有政策法规体制的落实力度，坚持党政同责，一把手亲自抓、负总责。尤其是加大环保考核力度，奖优罚劣，曝光严重破坏环境的违法事件，严肃处理秦岭别墅、祁连山生态破坏等严重环境损害典型案例，达到了教育全国、推动工作的目的。中央对各省区市和省级对设区市及其辖区的环保督察，必须依靠制度、依靠法治。“十三五”全国环境行政处罚案件83.3万件，较“十二五”增长了1.4倍。鼓励群众的举报，也使一些久拖不决的环境问题得到处理，环保督察发挥了不可替代的作用。对违法排污企业，特别是对顶风作案、偷排污染物、严重破坏环境行为的处罚，更是对环境领域的违法行为起到了震慑与教育作用。

小知识：

秦岭的生态地位

秦岭，分为狭义上的秦岭和广义上的秦岭。狭义上的秦岭，仅限于陕西省南部、渭河与汉江之间的山地，东以灞河与丹江河谷为界，西止于嘉陵江。广义的秦岭，西起昆仑，中经陇南、陕南，东至大别山以及蚌埠附近的张八岭，是长江和黄河流域的分水岭。秦岭被尊为华夏文明的龙脉，主峰太白山海拔3 771.2米，位于陕西省宝鸡市境内。秦岭为陕西省内关中平原与陕南地区的界山。

由于秦岭南北的温度、气候、地形均呈现差异性变化，因而秦岭—淮河一线成为中国地理上最重要的南北分界线。冬天，秦岭阻挡寒潮往南进入南方地区；夏天，阻挡湿润海风进入北方地区。秦岭—淮河流域是南方多雨和

◎ 远方云山一体的美丽秦岭

北方干旱之间的过渡地区，从秦岭—淮河附近向北，降雨量急剧减少。

秦岭不仅是我国南北分界线，也是一个重要的生态安全屏障，素有“国家中央公园”和“中国绿肺”之称。然而，一段时间内，秦岭北麓曾出现了大量违规建设的别墅，严重破坏了秦岭生态。2018年7月底开始，在习近平总书记重要指示批示的正确指引下，在中央专项整治工作组的指导督促检查下，一场雷厉风行的专项整治行动在秦岭北麓西安境内展开，一大批违章建筑得到处理，秦岭生态得到保护。

习近平总书记关于秦岭北麓西安境内违建别墅问题的重要指示批示，充分体现了党中央全面从严治党的顽强意志，体现了对生态文明建设一抓到底的坚定决心，体现了对陕西工作的深切关怀和对秦岭保护的关心重视，对全国也是一场深刻的政治、思想、责任、作风、纪律和美丽中国建设教育，更是一场对破坏生态环境行为惩治的督促与警示。

三、低碳减排，推动生产生活方式转型升级

自工业革命以来，随着生产力的进步和人们生活水平的提高，人们在生产生活中大量使用煤炭、石油等能源，产生的二氧化碳等越来越多，环境承载力越来越有限，因此而导致的污染越来越严重，已经严重危害到人类的生存环境和健康安全。于是人们开始把“绿色GDP”，也就是排放更少的二氧化碳的生产生活方式作为生态文明建设的重要路径。“取之有度，用之有节”既是中华民族传统美德，也是生态文明真谛，更是生产生活水平提高的紧迫要求。

2015年10月，党的十八届五中全会在北京胜利召开，全会提出了创新、协调、绿色、开放、共享的新的“五大发展理念”。绿色发展是我国进入新时代对可持续发展理念的新诠释，绿色生活方式则是绿色发展和生态文明建设的重要组成部分。2020年9月，习近平主席在联合国大会上宣布我国要力争2030年前实现碳达峰、2060年前实现碳中和，我国生态文明建设进入新阶段。碳达峰、碳中和是一场广泛而深刻的经济社会系统性变革，是推动高质量发展的内在要求。

逐步转型为一个低碳社会已是我国对国际社会的庄严承诺，这意味着公众和企业必须调整生产生活方式，做出必要的努力与牺牲。我们要从简单的广植树、节用电起步，紧密围绕能源、工业、城乡建设、交通运输、农业农村等领域和钢铁、石化化工、有色金属、建材、石油天然气等重点“两高”行业实际，发展绿色科技、绿色经济、绿色金融，克服碳达峰、碳中和面临的时间窗口偏紧、产业结构偏重、能源结构偏煤、创新能力不足等困难和挑战，搞好科技支撑、财政、金融、碳汇能力、统计核算和督查考核等保障。尤其要积极引进并消化吸收先进节能生产技术，推动新兴技术与绿色低碳产业深度融合，切实推动产业结构由高碳向低碳、由中低端向高端转型升级。

◎ 严重雾霾污染下的城市道路

要立足于以煤为主的基本国情，重视节约能源资源，完善能耗双控政策，强化能耗强度约束，大力推进煤炭清洁高效利用，深入推进煤电清洁、高效、灵活、低碳、智能化高质量发展，不断降低单位产出能耗、物耗和碳排放，推动我国工农业生产和交通运输等行业在生产成本下降的基础上，提高产品附加值，更好地做到物尽其用。

要从见缝插绿、建设每一块绿地做起，积极开展植树造林，造绿护绿，不断提高森林覆盖率、生活垃圾无害化处理率。从爱惜每滴水、节约每粒粮食做起，全面推行超低能耗标准，为子孙后代留下绿水青山、留下宝贵不可再生资源，身体力行推动美丽中国建设，推动人与自然和谐共生，不断推进人类社会实现绿色发展、可持续发展。

小知识：

低碳、“两高”及碳达峰、碳中和

低碳的英文是low carbon，指的是较低或更低的以二氧化碳为主的排放。

除二氧化碳外，其他气体还包括甲烷、氧化亚氮、氢氟碳化物、全氟碳化物、六氟化硫等。二氧化碳全球排放量大、生命周期长，对环境影响最大。同时，过多使用煤炭、石油等能源，也直接增加了人们生产生活的消耗与成本，制约了生产发展和生活水平提高。

“两高”则是指“高耗能”和“高排放”，一般指煤电、石化、钢铁、玻璃、水泥等重工业项目。据官方数据，这些行业的排放量占我国二氧化碳排放七成以上、主要大气污染物排放五成左右。

2020年9月22日，习近平主席代表我国政府在第七十五届联合国大会上提出：“中国将提高国家自主贡献力度，采取更加有力的政策和措施，二氧化碳排放力争于2030年前达到峰值，努力争取2060年前实现碳中和。”我国的“碳达峰”目标是争取在2030年之前，二氧化碳排放不再增长，达到峰值之后逐步降低。“碳中和”则是指我国在一定时间内直接或间接产生的温室气体排放总量，通过植物造树造林、节能减排、科技消除等手段，争取在2060年之前实现自身产生二氧化碳的“零排放”，也就是不再额外排放。

我们还要推行简约适度、绿色低碳的生活方式，倡导勤俭节约，拒绝奢华浪费，形成文明健康的生活风尚。要倡导有钱消费、无权浪费的理念，促进消费升级和资源节约良性互动。要倡导环保意识、生态意识，构建全社会共同参与的环境治理体系，让生态环保思想成为社会生活中的主流文化。要倡导尊重自然、爱护自然的绿色价值观念。要让天蓝地绿水清观念深入人心，形成深刻的人文情怀。要禁止广播电台、电视台、网络音视频服务提供者等制作、发布、传播宣扬量大多吃、暴饮暴食等浪费食品的节目或视频信息，对拒不改正或情节严重者，处以罚款、通报批评或节目停播整顿，对直接负责的主管人员和其他直接责任人员依法依规追究责任。

小知识：

绿色低碳生活方式

所谓生活方式，就是人们日常生活的活动范式，即人们活动时间、内容及相互关系的综合。广义的生活方式包括劳动生活、消费生活和精神生活（如政治生活、文化生活、宗教生活）等活动方式。狭义的生活方式指个人及其家庭的日常生活的活动方式，包括衣、食、住、行以及闲暇时间的利用等。

绿色低碳生活方式要求人们充分尊重生态环境，重视环境卫生，确立新的生存观和幸福观，倡导绿色消费，以达到资源永续利用、实现人类世世代代身心健康和全面发展的目的。绿色生活方式在消费方面注重量入为出、适可而止、简朴节约、低碳循环，减少自然资源耗费，促进生态环境保护。

人类社会的历史表明，生产力越发展，科学技术越进步，人们生活的空间和时间也就越扩大和增多，人们的主体性在社会发展中的作用越增强，生活方式在社会的生产和再生产中的地位和作用就越重要。

党中央、国务院对生活方式问题非常重视，2015年5月发布的《中共中央 国务院关于加快推进生态文明建设的意见》，首次提出要加快推动生活方式绿色化，“倡导勤俭节约、绿色低碳、文明健康的生活方式和消费模式”。“十三五”规划建议提出了“为人民提供更多优质生态产品，推动形成绿色发展方式和生活方式”的目标。党的十九大强调要“倡导简约适度、绿色低碳的生活方式，反对奢侈浪费和不合理消费”。习近平总书记指出：“要加强生态文明宣传教育，增强全民节约意识、环保意识、生态意识。”文明健康、绿色环保的生活方式，受到党中央高度重视，必将成为全民共识，成为社会主流。

2018年的环境日，生态环境部、中央文明办、教育部、共青团中央、全国妇联等5部门联合发布《公民生态环境行为规范（试行）》（以下简称《规范》），对文明健康、绿色环保的生活方式等作了详尽规定。《规范》所提到的行为共10项，包括关注生态环境、节约能源资源、践行绿色消费、选择低碳出行、分类投放垃圾等。

在节约能源资源方面，应合理设定空调温度，夏季不低于26℃,冬季不高于20 ℃,及时关闭电器电源，多走楼梯、少乘电梯，人走关灯，一水多用，节约用纸，按需点餐不浪费等。在绿色消费方面，尽量少使用一次性用品和过度包装商品，不跟风购买更新换代快的电子产品，外出自带购物袋、水杯等。在出行方面，优先步行、骑行或乘公交，优先选择新能源或节能型汽车等。

《规范》倡导简约适度、绿色低碳的生活方式，虽然没有强制性，但它清楚地告诉了人们何为文明健康、绿色环保的生活方式，对引导人们的生活方式转型具有重大意义。

要积极推动绿色消费。绿色低碳生活方式就像一株幼苗，只有全社会精心呵护，才能长成参天大树。我们既要在思想上与塞罕坝等先进事迹对标，在生产方式上向绿色转型，也要在生活方式上进行“革命”，在衣、食、住、行、游等方面遵循勤俭节约、绿色低碳、文明健康的要求。我们应该看到，和塞罕坝人相比，目前很多人的生活方式还比较落后，绿色低碳的生活方式尚未形成。个别人甚至根本不是生态文明的建设者，而是环境恶化的加剧者，生态负担的制造者。现实中他们信奉消费主义、享乐主义，追逐奢靡之风，热衷于炫富、攀比、高消费，对奢侈行为不以为耻，反以为荣，毒害了社会肌体、浪费了社会资源，与极简主义生活方式形成强烈反差，成为我们生态文明建设必须解决的问题。

小知识：

极简主义生活方式

所谓极简主义生活方式是一种发端于民间的理念和行为，简单地说，就是欲望极简，物质极简，信息极简，表达极简，生活极简。它并不是简单地主张吃饭只吃一个菜，舍不得花钱等，而是放弃无效的事情，最大限度利用自己有限的时间和精力，专注于对自己最重要的事情，从而获得更大的快乐和幸福。它认为过度的消费不仅没有带来幸福，反而埋没了自我，成为生活的一大累赘。

极简主义就是要精简你生活中的一些东西，从而改善你的生活质量。它要求欲望、精神、物质、信息、表达和生活多方面的极简。即拥有较少的个人物品，简化信息来源，减少生活中不必要的打扰，找到生活中真正重要的东西。

极简主义能做的，就是帮人们去掉那些很可能成为自己生命里干扰项的东西，让人们更容易找到那些自己真正想找的。它与绿色生活方式本质上相通，对保护生态环境，促进生态文明建设是不可或缺的。

绿色低碳生活不仅仅要求节俭，还要求大家做美好环境的守护者，而非破坏者。日常生活少产生垃圾，做好垃圾分类和减量化、资源化，外出旅游则杜绝乱刻乱画、乱扔垃圾、乱踩草坪、乱折花草、乱逗野生动物，除了美景照片和垃圾，啥也不带走。老祖宗留下的大好河山、美丽家园，决不能毁在我们这一代人手里！

实现碳达峰、碳中和事关全球应对气候变化的一件大事，也将深刻影响国内经济社会的发展和各行各业的未来。目前，中国已经成立碳达峰碳中和工作领导小组，正制定碳达峰、碳中和的时间表、路线图，将推出“1+N”政策体系。

四、坚持建设美丽中国全民行动

众人植树树成林。建设美丽中国，既是全面建设社会主义现代化国家的宏伟目标，又是人民群众对优美生态环境的热切期盼，也是生态文明建设成效的集中体现。我国生态文明建设同样需要团结一切可以团结的力量。建设美丽中国，离不开党和政府自上而下的顶层设计和政策推动，更离不开广大普通干部群众自下而上的广泛参与。建设美丽中国，每个人都不可能置身事外。只有从官方到民间，把绿色发展理念融入生活的方方面面，形成全民参与、人人行动的生态文明强大合力，才能克服前进道路上的一切艰难险阻，守护好祖国的蓝天碧水，修复好我们的山河大地，保护好濒危的生物资源，让我们的家园越来越美丽。

群众是真正的英雄。党的十八大以来，我国始终把调动起广大干部群众的积极性，激发出普通群众积极参与的磅礴力量，形成生态文明建设全民行动的新格局，作为新时代推进生态文明建设的鲜明特色。进入新时代后，广大民众的环保意识日益增强，对美好生活的新期待已经从“求温饱”上升到了“要环保”、从“求生存”上升到了“要生态”。综观整个社会，生态文明建设纳入“五位一体”总体布局，“美丽”成为社会主义现代化强国的一大主题词，在这些宏大的社会背景下，我们还能看见更多从生活中自发生长起来的环保行动。以往很多人对企业排污见怪不怪，现在越来越多的人选择监督和举报；以往燃油汽车几乎垄断市场，现在越来越多的人选择新能源汽车和绿色出行。来自社会、企业和公众的有序参与，不仅为推进生态文明建设奠定了广泛的社会基础，更对各级政府工作形成了监督效应，产生了强大推力。如今，除了环境监管体系、经济政策体系、法治体系和能力保障体系外，社会行动体系也是生态环境治理体系的重要一环。中央环保督察制度运行以来，从开通举报电话，到一线实地暗访，中央环保督察组把与当地群众的密切互动作为重要工作方法。“奔走呼号了10多年的苦难事，向督察组报告不到3天就解决了，大快人心！”普通群众的感慨，说明了群众参与的治理效能凸显了建设美丽中国全民行动的必要性。

美丽中国呼唤全民行动，既是一种环境治理智慧，也是一种生活方式的转型，更意味着一种生态文明建设的主人翁意识。这首先是因为美丽中国是人民群众共同参与、共同建设、共同享有的事业。良好生态环境是最普惠的民生福祉，也是最基本的公共产品。生态环境具有非排他性与非独占性，同时与所有群体都相关。因此，保护生态需要人民群众共同参与、共同建设、共同享有。头上的蓝天、脚下的绿地、远处的青山、眼前的林木，良好生态环境与每个人息息相关，也需要每个人在日常生活中贡献自己的环保力量，积极尽责、精心维护。“一人捡，众人丢，很难做到干净整洁！”环卫工人的朴素话语，从另一个角度道出了美丽中国人人参与的重要意义。

“美丽中国呼唤全民行动”对党政部门来说，就是要有序引导，社会、企业和公众有序参与，形成有利于生态文明建设的良性格局。要加强生态文明宣传教育，强化公民环境意识，推动形成简约适度、绿色低碳、文明健康的生活方式和消费模式，促使人们从意识向意愿转变，从抱怨向行动转变，把建设美丽中国转化为全民自觉行动。要积极传播生态文明建设人人有责、人人受益的思想，倡导绿色生活、推动绿色发展，坚定公众对环境保护的信心，调动全民参与环保工作的积极性，形成全社会关注环保、践行环保的良好氛围。

同时，各级党政机关，尤其是主管部门也要转变观念，增强服务意识，树牢“人民对美好生活的向往就是自己的奋斗目标”意识，绝不能把人民群众的自发监督视为洪水猛兽，甚至带着抵触情绪看待群众监督，而应该畅通渠道，吸纳群众有序参与环境治理，把民意民心转化成环境治理的良性力量，更不能把环保作为优亲厚友、包庇纵容，乃至索贿谋私，走向违法犯罪的工具。要全面落实加快转变经济发展方式、加大环境污染综合治理、加快推进生态保护修复、全面促进资源节约集约利用、倡导推广绿色消费、完善生态文明制度体系等重点任务，将分别在学校、社区、家庭和厂矿等场所展开。

“美丽中国呼唤全民行动”对企业而言，就是要转变生产经营观念，积极调整产业结构，认清自己企业应有的社会责任，从源头把好治理污染的第一关，不把眼前的经济利益作为唯一目标，更不能为了追求眼前利润而干破坏环境的事情。对社会大众而言，则要增强“环境保护，人人有责”的观念，摒弃“搭便车”，总希望他人去环保的心理。因此，要加强生态文明宣传教育，在全社会牢固树立生态文明理念。要把珍惜生态、保护资源、爱护环境等内容纳入国民教育和培训体系，纳入群众性精神文明创建活动，在全社会牢固树立勤俭节约的消费观，树立节能就是增加资源、减少污染、造福人类的理念，形成勤俭节约的良好风尚，增强全民节约意识、环保意识，营造爱护生态环境的良好氛围，形成全社会共同参与的良好风尚。

小知识：

日常生活中如何实现“碳达峰”“碳中和”

“碳达峰”就是我国承诺在2030年前，煤炭、石油、天然气等化石能源燃烧活动和工业生产过程以及农林业等活动产生的温室气体排放（也包括因使用外购的电力和热力等所导致的温室气体排放）不再增长，达到峰值。

“碳中和”是节能减排术语，指企业、团体或个人测算在一定时间内，直接或间接产生的温室气体排放总量，通过植树造林、节能减排等形式，抵消自身产生的二氧化碳排放，实现二氧化碳的“零排放”。

“碳达峰”“碳中和”虽然主要依靠工农业生产来实现，但在我们普通人日常生活的衣食住行等各方面，同样可以有所作为，在我们每一个人的举手投足间同样可以为“碳中和”作出自己的贡献。概括起来，做到如下十点，既有助于提高生活水平，又能减少资源耗费和排放，实现生活低碳简约化，为生态文明出力。

1. 近途少开车，多步行或骑单车。

2. 出远门多乘坐火车，少开车或坐飞机。

3. 理性购物，抑制盲目消费。

4. 多用节能灯，少使白炽灯。

5. 随手关灯，关闭电器而不是待机。

6. 常素食，少食煎炸及肉类食品。

7. 提倡户外跑步健身，少去健身房。

8. 多晾晒衣物，少烘干。

9. 洗浴常用淋浴，少泡澡。

10. 做好垃圾分类，实现资源循环利用。

以上这些“简单小事儿”，我们每一个人几乎都不难做到。如果我们都选择了低碳环保的生活方式，就会实现整个社会的消费习惯改变和生活方式转型。可以说是我们因一些简单的改变而改变了世界。

塞罕坝绿色奇迹的形成，就是全民行动的结果。塞罕坝的成功离不开林场人长期的艰苦创业，离不开上级部门的正确领导，离不开兄弟单位的大力支持，离不开承德当地人的精心呵护。无论是1962年塞罕坝林场建设的启动，还是后来克服困难，不断取得生态文明建设成就，都离不开全国人民的关心与支持，乃至心血与汗水。当年一声令下，全国各地的人员到齐了，物资保障了，就是生动体现。塞罕坝每年超过15万人次的临时社会用工，也是全民行动的有力注解！

“积力之所举，则无不胜也；众智之所为，则无不成也。”[①]走向生态文明新时代，建设低碳节能社会，必须坚持绿色发展，动员全社会力量推进生态文明建设，努力走出一条生产发展、生活富裕、生态良好的文明发展之路。习近平总书记不但每年参加义务植树活动，还动员全民行动，建设美丽中国。他多次强调，植树造林是实现天蓝、地绿、水净的重要途径，是最普惠的民

---

① 刘安：《淮南子·主术训》，陈广忠译注，中华书局，2016。

生工程。要坚持全国动员、全民动手植树造林，努力把建设美丽中国化为人民的自觉行动。

小知识：

国家发改委等七部门联合印发《促进绿色消费实施方案》

绿色消费是各类消费主体在消费活动全过程贯彻绿色低碳理念的消费行为。近年来，我国促进绿色消费工作取得积极进展，绿色消费理念逐步普及，但绿色消费需求仍待激发和释放，一些领域依然存在浪费和不合理消费，促进绿色消费长效机制尚需完善，绿色消费对经济高质量发展的支撑作用有待进一步提升。促进绿色消费是消费领域的一场深刻变革，必须在消费各领域全周期全链条全体系深度融入绿色理念，全面促进消费绿色低碳转型升级，这对贯彻新发展理念、构建新发展格局、推动高质量发展、实现碳达峰碳中和目标具有重要作用，意义十分重大。

为深入贯彻落实《中共中央国务院关于完整准确全面贯彻新发展理念做好碳达峰碳中和工作的意见》和《2030年前碳达峰行动方案》有关要求，根据碳达峰碳中和工作领导小组部署安排，2022年1月国家发展改革委、工业和信息化部、住房和城乡建设部、商务部、市场监管总局、国管局、中直管理局会同有关部门研究制定了《促进绿色消费实施方案》（以下简称《方案》）。

《方案》提出要全面促进重点领域消费绿色转型，鼓励推行衣着、居住、交通、用品的绿色消费，有序引导文化和旅游领域绿色消费，进一步激发全社会绿色电力消费潜力，大力推进公共机构消费绿色转型。强化科技和服务支撑，建立健全制度保障体系和激励约束政策。

河北省也明确了自己的碳达峰碳中和时间表路线图，提出到2025年，绿色低碳循环发展的经济体系初步形成，为2030年前碳达峰奠定坚实基础；到2030年，经济社会发展绿色转型取得显著成效，重点耗能行业能源利用效率达到国际先进水平，确保2030年前碳达峰；到2060年，绿色低碳循环发展的经济体系和清洁低碳安全高效的能源体系全面建立，顺利实现碳中和目标。

实现美丽中国蓝图是一场大仗、硬仗、苦仗，又不得不打，不得不赢，每个普通百姓都不能置身事外，都要积极投身到生态文明建设之中，坚持绿色生活、绿色出行、绿色消费，更需要每一个生态环境工作者，努力做到政治强、本领高、作风硬、敢担当，特别能吃苦、特别能战斗、特别能奉献，让习近平生态文明思想在中华大地落地生根，不断结出美丽中国的丰硕之果。只要我们每个人都拿出实际行动，为建设美丽家园献出自己的一分力量，汇集起最强大的“绿色合力”，才能绘就蓝天白云、繁星闪烁、清水绿岸、鱼翔浅底的美丽中国画卷。

五、构建全球人类生态文明命运共同体

中华优秀传统文化自古就主张“穷则独善其身，达则兼济天下”。中国共产党更是自成立之日起就“坚持胸怀天下”，相信大道之行，天下为公，始终以世界眼光关注人类前途命运，从人类发展大潮流、世界变化大格局出发，坚持主持公道、伸张正义，站在历史正确的一边，站在人类进步的一边。在生态文明方面，我国则鲜明提出要共同构建人与自然和谐共生、经济与环境协同共进、世界各国共同发展的地球家园愿景，引发国际社会广泛共鸣和深入思考。

习近平总书记指出，人类是命运共同体，建设绿色家园是人类的共同梦想。国际社会应该携手同行，构建尊崇自然、绿色发展的经济结构和产业体系，解决好工业文明带来的矛盾，共谋全球生态文明之路，实现世界的可持续发展和人的全面发展。“构建人类命运共同体”是习近平新时代中国特色社

会主义思想的重要内容，是中国特色大国外交的努力方向，也是全人类的共同事业。在党的二十大报告中，习近平总书记明确提出要促进世界和平与发展，推动构建人类命运共同体，建设清洁美丽世界。

一个清洁美丽的世界，是共建人类命运共同体的坚实基础，也是世界各国人民前途所在。“人类命运共同体”作为一个全新的发展理念，有着自身独特的内涵，其核心就是“建设持久和平、普遍安全、共同繁荣、开放包容、清洁美丽的世界”。这表明，我们既要着重从政治、安全、经济、文化等方面推动构建人类命运共同体，也要坚持绿色低碳的生态文明发展道路。

人是一种社会存在物，自人类从动物中走出来那一刻起，就过着一种共同体的生活。人只有在共同体中才能生存和发展。当今世界正处在大发展大变革大调整时期，和平与发展仍然是时代主题，同时世界也存在诸多不稳定性和不确定性。构建“人类命运共同体”思想顺应了历史潮流，回应了时代要求，凝聚了各国共识，为人类社会实现共同发展、持续繁荣、长治久安绘制了蓝图，对中国的和平发展、世界的繁荣进步都有着重大和深远的新时代意义。

国家和，则世界安；国家斗，则世界乱。“构建人类命运共同体”理念是中国智慧的结晶，承载着中国对建设美好世界的崇高理想和不懈追求，更是习近平送给全人类的一份厚礼，也是全人类共同的目标，只要牢固树立习近平“人类命运共同体”思想意识，携手努力，共同担当，同舟共济、共渡难关，就一定能够让世界更美好、让人民更幸福。

小知识：

构建人类命运共同体

2017年1月18日，国家主席习近平在瑞士日内瓦出席“共商共筑人类命运共同体”高级别会议，发表了题为《共同构建人类命运共同体》的主旨演讲。同年10月18日，习近平总书记在党的十九大报告中提出，要构建人类命运共同体，建设持久和平、普遍安全、共同繁荣、开放包容、清洁美丽的世界。2018年5月，在全国生态环境保护大会上，他又强调，要共谋全球生态文明建设，深度参与全球环境治理，形成世界环境保护和可持续发展的解决方案，引导应对气候变化国际合作。在国际场合，习近平总书记多次声明支持《巴黎协定》，即使有的国家退出《巴黎协定》，中国也要坚守国际承诺。

我国积极参加联合国发起的历次重要国际环境会议，参与了《联合国人类环境宣言》《21世纪议程》《约翰内斯堡可持续发展宣言》等文件的起草工作；参加了《联合国海洋法公约》《控制危险废物越境转移及其处置巴塞尔公约》等国际立法的谈判和起草工作。另外，中国在发展中国家中带头落实温室气体减排承诺、推动缔结和率先履行《巴黎协定》、推进绿色“一带一路”建设。在2016年9月召开的G20杭州峰会上，习近平主席向世界庄严宣布，中国将全面落实2030年可持续发展议程。

生态文明建设是构建人类命运共同体的重要内容，建设美丽家园是人类的共同梦想。建设生态文明关乎人类未来。人类生活在同一个地球，命运休戚相关。共谋全球生态文明，建设清洁美丽世界，符合世界绿色发展潮流和各国人民共同意愿，也是推动构建人类命运共同体的关键一招。要解决好工业文明带来的矛盾，以人与自然和谐相处为目的，实现世界的可持续发展和人的全面发展。面对生态环境挑战，人类是一荣俱荣、一损俱损的命运共同体，没有哪个国家能独善其身。唯有携手合作，我们才能有效解决全球性环境问题，实现联合国2030年可持续发展目标。保护人类赖以生存的地球家园，必须采取相互理解、相互帮助，合作而不是对抗的方式，同舟共济、共同努力，构筑尊崇自然、绿色发展的生态体系。

“人类命运共同体”体现在生态上就是“共谋全球生态文明建设”。只有并肩同行，才能让绿色发展理念深入人心、全球生态文明之路行稳致远。要坚持环境友好，合作应对气候变化，保护好人类赖以生存的地球家园。要牢固树立尊重自然、顺应自然、保护自然的意识，绿水青山，就是金山银山。要遵循共同但有区别的责任原则，坚持走绿色、低碳、循环、可持续发展之路，平衡推进2030年可持续发展议程，采取行动应对挑战，不断开拓生产发展、生活富裕、生态良好的文明发展道路，实现人与自然和谐共生，人类家园越来越美丽。

小知识：

共同但有区别的责任原则

“共同但有区别的责任原则”是《联合国气候变化框架公约》规定的基本原则之一，也是全球应对气候变化的基本原则。它源于国际环境法，是世界各国开展国际合作、构建和提升发展中国家履行国际环境法义务的能力，实现全球共同应对环境问题格局的法律基础。中国国内环境法应吸收共同但有区别责任原则，创新机制，以解决中国日益严峻的环境问题。

今天的气候变化问题发达国家难辞其咎，是其在近代温室气体的累积排放造成的，这是该原则最基本的科学依据。虽然西方国家局部看上去好像其排放在减少，但无论是其对地球资源消耗的人均总量，还是其在国际产业链循环中实施的污染与高耗对外转移，更不要说工业革命几百年来其对资源的利用与环境破坏的惊人程度，使诸多发展中国家至今深受其害。这是环境问题全球化形成的根本症结所在。

比如，按照人类社会现代化历史进程，农业社会到工业社会再到后工业社会的过程中人均二氧化碳排放量会呈现上升—峰值—下降的趋势，目前中国在全球化体系中扮演制造业中心的角色，无可避免地还处于高碳排放阶段。相反，美国已进入后工业社会，但碳排放强度依旧很高，人均排放量将近中国的三倍。

由于各国经济发展水平、历史责任和当前人均排放的情况千差万别，世界环境问题的产生有客观分析，必须承认“历史上和目前全球温室气体排放的最大部分源自发达国家”。据测算，主要温室气体二氧化碳一旦排放到大气中，短则50年，最长约200年都不会消失。根据联合国政府间气候变化专门委员会的评估报告，截至2010年，发达国家自1750年以来以不到世界四分之一的人口，累计排放了世界大约70%的二氧化碳，直至今天，发达国家的温室气体排放依旧占据全球排放量的大部分。也就是说，目前大气中残存的二氧化碳主要是由西方国家的工业化进程造成的，而不是当前发展中国家的排放引起的。发展中国家不应该为发达国家过去的排放造成今日气候问题“背锅”。

而且，发展中国家的人均碳排放量也远远低于发达国家。要看到发达国家在目前经济全球化背景下通过贸易和投资，向发展中国家进行产业转移，凭借服务、金融、知识产权等低排放的高端产业链大肆获取利益。这种市场模式和利润链使发展中国家陷入依赖发达国家造就的高碳发展路径和技术系统之中，就此而言发达国家依旧负有不可推卸的责任。也就是说，发达国家常将碳排放大的生产链迁移到了发展中国家，在此制造出来的大量碳密集型产品被销往发达国家，而“消费一方”的发达国家也应该为这里边的碳排放承担责任。也就是说，温室气体排放不要只看当前，而不看过去；不要只看总量，而不看人均；不要只看生产，而不管消费。

“共同但有区别的责任”是更公平、更实际、更易于为广大发展中国家所接受的原则。广大低收入和中等收入国家不应过度承担气候变化成本。发达经济体已经从工业革命以来200多年的温室气体排放中获益，发展中国家却被要求牺牲未来的增长来拯救地球的问题必须纠正。在经济社会发展、生活水平提高上，我们决不接受只享有发达国家三分之一、四分之一甚至五分之一权利的想法。在包括气候变化在内的国际生态保护上，“共同但有区别的责任”是一个合理前提，发展中国家不能因为减排而延续贫困，不能因应对气候变化而制约发展；仍要把“经济和社会发展、消除贫困作为首要和压倒一切的目标”。

中国主张“共同但有区别的责任原则”，作为一个发展中国家，中国不应承担与发达国家相同的责任。改革开放40多年来，中国经济腾飞使中国应对气候变化的能力迅速上升，中国在环保上的努力有目共睹、成就斐然。

在面临百年未有之大变局的国际背景下，习近平总书记科学把握当今世界发展的总趋势，深刻揭示当今国际关系发展的特征和规律，顺应和平、发展、合作、共赢的时代潮流，高瞻远瞩地提出构建人类命运共同体的重要思想，为促进世界和平与发展、解决人类社会共同面临的问题贡献了中国智慧和中国方案，为各国抓住机遇共同发展，为解决世界向何处去等问题提供了全新选择，符合世界各国人民的共同利益、整体利益和长远利益。

小知识：

《巴黎协定》

《巴黎协定》(The Paris Agreement)，是由全世界众多国家共同签署的气候变化协定，是对2020年后全球应对气候变化的行动作出的统一安排。《巴黎协定》的长期目标是将全球平均气温较前工业化时期上升幅度控制在2 ℃以内，并努力将温度上升幅度限制在1.5℃以内。《巴黎协定》于2015年12月12日在第21届联合国气候变化大会（巴黎气候大会）上通过，于2016年4月22日在美国纽约联合国大厦签署，于2016年11月4日起正式实施。2021年11月13日，联合国气候变化大会（COP26）在英国格拉斯哥闭幕。经过两周的谈判，各缔约方最终完成了《巴黎协定》实施细则。

2016年4月22日，时任中国国务院副总理张高丽作为习近平主席特使在《巴黎协定》上签字。同年9月3日，全国人大常委会批准中国加入《巴黎协定》，成为23个完成了批准协定的缔约方之一。

在减排和全球环境保护问题上，我国始终强调共同但有区别的责任原则，并推动全面落实《巴黎协定》。经过不懈奋斗，中国碳排放强度大幅超额完成2020年气候行动目标。中方将陆续发布重点领域和行业碳达峰实施方案和支撑措施，构建起碳达峰、碳中和“1+N”政策体系，持续推进能源、产业结构转型升级，推动绿色低碳技术研发应用。我国支持有条件的地方、行业、企业率先达峰，为全球应对气候变化、推动能源转型作出积极贡献。

在2022年新年贺词中，习近平总书记提出共创美好未来的中国主张：“世界各国风雨同舟、团结合作，才能书写构建人类命运共同体的新篇章。”人类只有一个地球家园，如果它被破坏到难以生存的程度，我们人类也就无处生活。如果地球上的各种资源都枯竭了，我们也很难从别的星球得到足够的补充，甚至都难以“移民搬迁”逃生。我们要精心地保护地球，呵护地球的生态环境，让地球更好地造福世界各国、造福子孙万代。

中国坚持走绿色发展道路和建设生态文明的决心和成果，得到了国际社会的肯定。作为最大的发展中国家，中国坚持绿色发展，将生态文明建设融入经济社会发展建设全过程，确保生态文明建设与其他各项建设协同共进。这样的决心和毅力，让世界看到了中国的表率作用。无论是塞罕坝林场，还是浙江“千村示范万村整治”工程荣获“地球卫士奖”，都是联合国和世界对中国绿色发展理念、中国生态文明建设的高度肯定，充分反映了联合国及国际社会对我国生态环境治理成效的高度关注和充分肯定，表明国际社会对习近平总书记提出的“绿水青山就是金山银山”理念的高度赞赏。我国生态文明建设的理念、经验和主张，正在为全世界越来越多的国家所肯定，成为全球共谋生态文明建设的重要力量。

2021年7月6日，习近平在中国共产党与世界政党领导人峰会上发表主旨演讲时强调：“人类是一个整体，地球是一个家园。面对共同挑战，任何人任何国家都无法独善其身，人类只有和衷共济、和合共生这一条出路。”“我们

◎ 节能减排绿色低碳中国在行动

要勇于担当、同心协力，共谋人与自然和谐共生之道。”[①]中国共产党人说话算话，言出必行——中国正在积极建立健全绿色低碳循环发展经济体系，促进经济社会发展全面绿色转型，并以降碳为重点战略方向，推动减污降碳协同增效。只要心往一处想、劲往一处使，同舟共济、守望相助，人类必将能够应对好全球生态挑战，把一个清洁美丽的世界留给子孙后代！

① 习近平：《加强政党合作　共谋人民幸福——在中国共产党与世界政党领导人峰会上的主旨讲话》，《人民日报》2021年7月7日。

第五章　弘扬塞罕坝精神　建设美丽中国

榜样的力量是无穷的，标杆具有引领作用。塞罕坝作为我国生态修复的成功范例，具有丰富的内涵，既为我们推进生态文明建设增强了信心，也提供了强大精神动力。艰难困苦，玉汝于成。60年间，塞罕坝人种下的不仅仅是一棵棵树，更是一种信念、一种精神；造就的不仅仅是一座“美丽高岭”，更是一座受人景仰的“精神高地”。我们要以塞罕坝为榜样，弘扬塞罕坝精神，努力绘就美丽中国的新时代篇章。

一、塞罕坝生态的前世今生

在首都北京东北方直线距离180千米处，河北省最北端的承德市围场县境内，有一大片郁郁葱葱的林海草原。这就是拥有世界最大的人工林，有“塞外明珠”之称的塞罕坝机械林场。如今它已被誉为“水的源头，云的故乡，花的世界，林的海洋，休闲度假的天堂”。

2017年8月14日，习近平总书记对塞罕坝林场感人事迹作出重要批示，称赞三代塞罕坝人创造的荒原变林海的绿色奇迹，是推进生态文明建设的一

◎ 倒影如画似仙境的塞罕坝风光

个“生动范例”。随后，北京人民大会堂举行了学习宣传河北塞罕坝林场生态文明建设范例座谈会，全国掀起了学习习近平总书记重要批示精神，弘扬塞罕坝精神，持之以恒推进生态文明建设的高潮，塞罕坝的名字从此响彻神州，传遍世界。

塞罕坝机械林场地处河北省最北部、内蒙古高原南缘，北部与内蒙古高原沙地接壤，南边下了燕山山脉，就是京津冀所属的华北平原。塞罕坝海拔处于1010～1940米，最低气温－43.3℃，年均气温－1.3℃，年均积雪7个月，年均无霜期64天，年均降水量479毫米，是滦河、辽河两大水系的水源地之一。

“塞罕坝”一词意为“美丽的高岭”。其中，“塞罕”系蒙古语，意为“美丽”；“坝”是“高岭”的意思。宋明时期的塞罕坝，一直是森林茂密、禽兽繁集、水草丰沛，与大小兴安岭、长白山一样有着茂密的原始松林，有“千

◎ 绿色欲滴塞罕坝

里松林”之称。

但是，在20世纪50年代及之前的100年间，这里一度成为人烟稀少、风沙肆虐的荒原沙地。塞罕坝的生态变迁始于清代。康熙二十年（1681年），康熙皇帝在此初设围场，供八旗子弟围猎练兵，每年秋天举行盛大狩猎活动——“木兰秋狝”。在此后的100多年间，共计举办了100多次，直到道光年间才因财政困难等原因停息下来。“木兰秋狝”停止不久，清政府就开始允许在此垦荒种地。之后，由于人为破坏、毁林垦荒、山火和日本侵略者的大肆砍伐等原因，到新中国成立前后，塞罕坝这一昔日的天然名苑已经退化成了荒漠沙地。20世纪50年代的塞罕坝，可以说只有高岭，没有美丽，常年干旱多风，“黄沙遮天日，飞鸟无栖树”成为真实写照，严重威胁北京、天津等地的生态安全。

为保卫首都生态安全，阻断风沙肆虐京津，威胁华北平原的困局。1962年国家原林业部决定设立塞罕坝机械林场，开展生态修复攻坚。60年来，三代塞罕坝人肩负“为首都阻沙源、为京津蓄水源”的神圣使命，伏冰卧雪、

◎ 塞罕坝获得的“地球卫士奖”奖杯

不懈奋斗，终于在茫茫荒原建成上百万亩的世界最大人工林，重现了“美丽的高岭”的迷人风光，铸就了沙漠变林海的绿色奇迹。他们在昔日的高原荒地上共植树4.8亿株，成林面积达115万亩，排在一起可以绕地球12圈。如今的塞罕坝，犹如镶嵌在茫茫原野上的一块硕大的绿宝石，涵养着水源，生产着氧气，屏蔽着来自内蒙古高原的风沙，以其少有的清爽和美丽，吸引着来自四面八方的游客。

塞罕坝的成功获得了国内外的高度关注和广泛赞誉。据不完全统计，塞罕坝先后被授予“时代楷模”“全国文明单位”“全国爱国主义教育基地”“全国五一劳动奖状”“最美奋斗者”“森林中国·首届中国生态英雄”“生态文明建设范例”和“全国脱贫攻坚楷模”等诸多荣誉称号。《最美青春》等影视作品，更是把塞罕坝的事迹和美名传遍大江南北、长城内外。

2017年12月5日，在内罗毕举行的第三届联合国环境大会上，被联合国环境规划署授予联合国环保最高荣誉——“地球卫士奖”。“地球卫士奖”创立于2004年，每年评选一次，从2005年开始颁发，是联合国表彰世界各地杰出环保人士和组织的最高奖，是联合国最具影响力的环境奖。联合国给予塞罕坝林场的获奖理由是“将茫茫荒原变成郁郁葱葱的林海”，称赞“他们筑起的‘绿色长城’，帮助数以百万计的人远离空气污染，并保障了清洁水供应”。这意味着塞罕坝人将退化的土地变成了绿色的天堂，得到国际社会的首肯，中国塞罕坝站在了世界的舞台。联合国颁奖也是世界对我国推进生态文明建设、坚持绿色发展的高度肯定。

2021年9月27日至29日，塞罕坝再获国际殊荣。在我国内蒙古自治区鄂尔多斯市成功召开的第八届库布其国际沙漠论坛上，河北省塞罕坝机械林场再次荣获联合国防治荒漠化领域最高荣誉——“土地生命奖”，成为塞罕坝取得的第二个联合国最高荣誉。“土地生命奖”是联合国防治荒漠化公约设立的联合国防治荒漠化最高级别奖项，每两年评选一次，旨在表彰、激励在荒漠化与土地退化治理方面作出杰出贡献、发挥模范作用的个人、集体或项目。

2021年8月23日，习近平总书记亲临塞罕坝指导考察，是对塞罕坝的再次肯定和鼓励。习近平总书记强调，塞罕坝林场建设史是一部可歌可泣的艰苦奋斗史。称赞塞罕坝人用实际行动铸就了牢记使命、艰苦创业、绿色发展的塞罕坝精神，对全国生态文明建设具有重要示范意义。抓生态文明建设，既要靠物质，也要靠精神。要传承好塞罕坝精神，深刻理解和落实生态文明理念，再接再厉、二次创业，在实现第二个百年奋斗目标新征程上再建功立业。习近平总书记的批示和视察，给予塞罕坝和河北人民极大鼓舞，成为开启新征程的强大动力。

二、我国生态文明建设的生动范例

“范例”一词，顾名思义是指“模范事例”或“典范事例”，也可解释为“典范的例子”或“可以仿效的事例”，进一步引申解释指可以当作模范的事

◎ 塞罕坝被授予生态文明范例的奖牌和文件

例。生态文明范例则是指在生态文明建设中具有模范性质的事例，也就是在生态文明建设中具有可复制可学习性质的典范，可供学习的生态文明建设榜样。塞罕坝作为生态文明建设范例，具有如下特点。

首先，作为生态修复样板，塞罕坝是习近平总书记认可的“生态文明范例”。2017年8月14日，在全国人民奋进新时代、努力建设美丽中国的背景下，习近平总书记对塞罕坝的感人事迹作出重要批示①。习近平总书记的重要批示指出，55年来，河北塞罕坝林场的建设者们听从党的召唤，在“黄沙遮天日，飞鸟无栖树”的荒漠沙地上艰苦奋斗、甘于奉献，创造了荒漠变林海的人间奇迹，用实际行动诠释了绿水青山就是金山银山的理念，是推进生态

① 习近平：《习近平谈治国理政》（第二卷），外文出版社，2017，第397页。

文明建设的一个生动范例。

塞罕坝机械林场克服了常人难以想象的困难，成功营造起上百万亩的人工林海，彻底改变了当地的生态环境。习近平总书记在2017年12月召开的中央经济工作会议上指出：“从塞罕坝林场、右玉沙地造林、延安退耕还林、阿克苏荒漠绿化这些案例来看，只要朝着正确方向，一年接着一年干，一代接着一代干，生态系统是可以修复的。”事实证明，生态脆弱区、生态退化区，只要尊重自然、保护自然、久久为功，破坏的环境是可以修复的，高原荒漠可以变成绿水青山；只要坚持生态优先、绿色发展之路，完全可以将资源优势、生态优势转化为经济优势，让绿水青山成为金山银山。可以说，塞罕坝的绿色奇迹增强了我们克服困难，再造美丽中国的信心。我国的生态文明建设，必须高度重视总结研究塞罕坝经验，以塞罕坝感人事迹为标杆，推动美丽中国建设不断取得新的更大进步。

其次，塞罕坝是人与自然和谐共生的典型代表。森林生态是一个系统，森林系统愈稳，生态效能就愈强。塞罕坝人顺应自然规律，提升森林生态质量。塞罕坝林场是在沙地和荒地荒滩上建起的，以人工乔木林为主。一些天然落种使人工林地上长出了灌木，改善了地面以上的生态环境。森林保育土壤，利于土壤里的微生物和活动在林间的动物；草本植物的生长，增强了土壤肥力，形成了乔灌草的森林结构。塞罕坝人还通过抚育调整树种结构等形成混交林，包括块状和株间的混交，实现了生态系统的稳定、健康、优质、高效，抵抗病虫害的能力也随之增强。

塞罕坝林场建设者在使命意识、思想理念、奋斗精神和经验做法等方面，为我们正确认识和处理人与自然关系提供了很好的经验。尊重自然、顺应自然和保护自然已经深深融入塞罕坝人的血液之中，种树和护林对他们来说已经不仅仅是工作，更是生活和习惯。塞罕坝人给孩子取名都喜欢用林、森、松等字，人们用这种方式来表达与树的情缘，并将这种情感延续、传承给下一代。塞罕坝人用事实证明，只有人与自然和谐相处，始终以保护自然为出发点，在全社会树立人与自然和谐发展的观念，人类才能享受天蓝、地绿、水清的幸福。

再次，塞罕坝是绿色发展的典范。守得绿水青山在，自有金山银山来。经过多年艰苦奋斗，塞罕坝人不但修复了“绿水青山”，营造了世界最大人工林，也把“绿水青山”变成了“金山银山”，实现了绿色富国惠民，生态文明与经济效益的双赢，成为高质量发展的样板。塞罕坝人从开始修复生态之初就坚持绿色发展，着力形成节约资源和保护环境的空间格局、产业结构、生产方式及生活方式，从源头上扭转生态环境恶化趋势，创造出了生态良好、生产发展、生活改善的美好现实。

塞罕坝林场的建设者从绿色发展出发，在搞好传统产业经营的基础上，加快优化产业结构步伐。塞罕坝人主动降低木材蓄积消耗，逐步改变以木材生产为核心的单一产业结构。如今的塞罕坝，木材、绿化苗木、生态旅游、碳汇等多产业齐头并进的良性循环发展态势已经形成，绿水青山已经发挥出经济效益，成了金山银山。这既减少了对伐木的依赖，也为林场可持续发展找到了切实可行的路径，体现了保护与发展的统一。

保护自然环境就是保护人类，建设生态文明就是造福人类。多年来，塞罕坝机械林场通过大规模的营林造林活动，还为当地提供了大量就业岗位，特别是森林旅游、避暑旅游、康养旅游和绿化苗木等新兴林业产业的发展，带动了周边地区的发展，促进了当地脱贫致富，实现了生态效益、经济效益和社会效益的统一，已经成为一个名副其实的“绿、富、美”，具有重要的示范意义。塞罕坝的绿，绿在生态，绿在发展；塞罕坝的富，富在资源，富在经济；塞罕坝的美，美在风景，美在精神。

最后，“塞罕坝”之花已经开遍神州大地。这也是最重要的一点，作为生态文明建设的可复制范本，塞罕坝已经被广泛复制。塞罕坝人探索出了一条生态优先、绿色引领的发展之路，其中蕴含着先进经验和深刻启示。经过塞罕坝人的数十年探索，在生态文明建设的科技支撑与制度保障等方面，他们

◎ 林海无垠塞罕坝

已经探索出一套高寒地区科学育林的成功科学经验，形成了一套生态脆弱地区林场建设和管理的经验制度。

塞罕坝作为生态文明建设可复制的范例，其科学规划、集中连片、规模化造林的成功经验和精神，极大地影响和促进了中国北方，乃至全国的造林绿化事业，神州处处“塞罕坝”的局面正在形成。“塞罕坝效应”所到之处，绿了生态，鼓了钱袋，增强了全国生态文明建设的信心和决心。三北防护林、太行山绿化、沿海防护林等重点工程都大大促进了我国的绿化事业健康发展。

塞罕坝作为生态文明范例，已经成为全球生态文明建设的一个标杆，为全球生态文明贡献了中国智慧。塞罕坝作为“生态兴则文明兴，生态衰则文明衰”的典型样本，“绿水青山就是金山银山”理念的生动实践，“良好生态环境是最普惠的民生福祉”的出色代表，以自己的切身变化告诉我们人类文明从砍倒第一棵树开始，到砍倒最后一棵树结束，生动说明了生态文明建设是关系中华民族永续发展的千年大计。要实现中华民族伟大复兴，就必须尊重自然、顺应自然、保护自然，夯实永续发展的生态基石。塞罕坝机械林场的实践经验，不仅对华北、对中国意义重大，对世界其他地区的人民也是很好的鼓励和启迪。塞罕坝机械林场建设者获得“地球卫士奖”实至名归。

我们深信，有习近平生态文明思想的指导，有塞罕坝的成功典型，只要我们认真学习贯彻习近平生态文明思想，在全社会大力倡导生态文明理念，加大环境治理、推进铁腕治污，开展制度创新，培育绿色动能，广大人民群众向往的蓝天白云常驻、绿水青山永存的美丽中国，生态环境质量持续改善的幸福生活就一定能够实现，中华民族永续发展的道路也一定会越走越宽广。

三、生态文明建设既靠物质，也靠精神

塞罕坝绿色奇迹的形成，得益于全国各地的大力支持和承德当地广大干

部群众的积极参与，更是得益于塞罕坝人几十年如一日在荒漠沙地上铸就的伟大精神。他们用忠诚和执着凝结出了“牢记使命、艰苦创业、绿色发展”的塞罕坝精神，演绎了“荒原变林海、沙地成绿洲”的人间奇迹，铸就了林业建设史上的绿色丰碑。

几十年如一日，专注于一件事。在过去的60年艰苦岁月中，三代塞罕坝人艰辛创业，持续开展造林绿化，攻克了荒漠沙地治理的技术难关，涵养了水源，固化了风沙，改善了生态，铸就了奇迹。伴随生态修复的成功，塞罕坝人也从青丝变成白发，把一生都献给了祖国的绿化事业。这种伟大精神实现了一以贯之、代代相传。可以说，如果没有塞罕坝人几十年战风沙、斗严寒、抗旱除冰护林海的坚守，不经过“马蹄坑会战”的洗礼，没有赛罕坝精神的强力支撑，塞罕坝就不可能成功。

小知识：

“马蹄坑会战”

“马蹄坑会战”发生在建场之初，由于经验缺乏，连续两年造林成活率不足8%。林场第一任党委书记王尚海不信这个邪。1964年春，他带领职工在马蹄坑打响了“造林大会战”。连续多天，吃住在山上，共栽植落叶松516亩，当年成活率96%，一举克服了接连失败带来的心理阴霾，大大增强了大家战胜困难、取得胜利的信心，从此塞罕坝造林绿化事业进入快速发展期。

2017年8月14日，习近平总书记对河北塞罕坝林场建设者感人事迹作出重要批示指出，几十年来，三代河北塞罕坝林场建设者创造了“荒原变林海的人间奇迹，用实际行动诠释了绿水青山就是金山银山的理念，铸就了牢记使命、艰苦创业、绿色发展的塞罕坝精神”，提出“全党全社会要坚持绿色发展理念，弘扬塞罕坝精神，持之以恒推进生态文明建设，一代接着一代干，驰而不息，久久为功，努力形成人与自然和谐发展新格局，把我们伟大的祖国建设得更加美丽，为子孙后代留下天更蓝、山更绿、水更清的优美环境”①。2021年8月23日，习近平总书记亲临塞罕坝视察，再次肯定塞罕坝绿色奇迹和精神的力量，作出了生态文明“既靠物质，也靠精神”的科学判断。

塞罕坝精神，既是塞罕坝人不懈奋斗的精神结晶，也是其绿色奇迹成功的奥秘之所在。塞罕坝精神“牢记使命、艰苦创业、绿色发展”的三部分内容，是一个相互独立又相互支持的有机整体。其中，“牢记使命”具有筑牢思想基础的作用。当年国家设立塞罕坝机械林场时给林场的明确任务是，“积累高寒地区荒地造林育林和大型国有机械林场管理的‘经验’，做绿化祖国的开

---

① 习近平：《习近平谈治国理政》（第二卷），外文出版社，2017，第397页。

路先锋”[①]。当初，“369位平均年龄不足24岁”[②]的第一代塞罕坝创业者，牢记国家设立塞罕坝机械林场的初心，肩负伟大使命，离开城市、离开原单位、离开学校，“从全国18个省（市）集结塞罕坝”[③]，踏上高原，走进荒漠，拉开了艰苦创业、再造秀美山川的大幕。难能可贵的是，几十年来，三代塞罕坝建设者，始终牢记“为首都阻沙源、为京津涵水源”的使命，坚持一代接着一代干，献了青春献子孙，持之以恒，久久为功，终于才修成了正果，创造了高原荒地到万亩林海的绿色奇迹。

“艰苦创业”是塞罕坝精神的重要内涵，是中国共产党人革命、建设和改革成功的重要法宝。一部塞罕坝生态修复史，就是一部不断攻坚克难、久久为功的奋斗史，一首荡气回肠、气吞山河的时代壮歌。“不绿塞罕坝，誓死不后退。”60年来，塞罕坝人始终把艰苦创业当作自己的人生信条来践行，把艰苦创业当成自己的基本要求来遵守，把艰苦创业当成自己的信念来培养，才铸就了感天动地的绿色丰碑。今天的塞罕坝确实生态优美，可过去的它却尽是苦寒。塞罕坝属于海拔高、气压低、风沙大、雨水少、氧气稀薄的高原荒漠，外加地处偏远、医疗生活条件差等，都注定了塞罕坝创业者们生存生产条件的艰辛。恶劣的自然生存条件，使他们中的很多人都患上了风湿、关节炎、胃病、高血压、心脑血管等疾病，以至于第一代建设者的平均寿命比坝下少15岁，青壮年死亡率比坝下高28%。最初上坝的144名大学生，“平均寿命只有52岁”[④]，远低于同期全国预期寿命，成为“为有牺牲多壮志，敢教

①刘书越：《读懂生态文明范例——塞罕坝告诉我们什么?》，河北科学技术出版社，2019，第117页。

②刘书越：《读懂生态文明范例——塞罕坝告诉我们什么?》，河北科学技术出版社，2019，第117页。

③刘书越：《读懂生态文明范例——塞罕坝告诉我们什么?》，河北科学技术出版社，2019，第117页。

④刘书越：《读懂生态文明范例——塞罕坝告诉我们什么?》，河北科学技术出版社，2019，第122—123页。

日月换新天”的典型代表。坚韧不拔造林扩绿，塞罕坝一直在路上。党的十八大以后，他们又开启了第二次创业，进行石质坡地上植树攻坚，完成造林绿化数万亩。

“绿色发展”是塞罕坝生态修复成功的基石。塞罕坝的意义，不仅仅是植树造林、涵养水源，将高原荒漠修复成“华北绿肺”，更在于探索出一条生态优先、绿色引领的发展新路，其实践蕴含着“生态文明”，体现了“绿色发展”。塞罕坝坚持走绿色低碳发展之路，注重产业转型升级。塞罕坝的森林生态旅游引来八方游客、绿化苗木销往全国各地、风力资源变成了清洁能源、森林碳汇上市“变”了“现”，塞罕坝人高效保护了绿水青山，也收获了金山银山，实现了生态良好、生产发展、生活改善的高质量发展新局面，生动诠释了“绿水青山就是金山银山”理念。塞罕坝周边的百姓，也在塞罕坝资源名气带动下，用自己的勤劳双手，通过务工、苗木种植和参与旅游等走上了脱贫致富之路。随着旅游的快速发展，塞罕坝人把生态文明建设摆在更加突出的位置，正确处理经济发展和环境保护的关系，坚守生态底线，不为眼前经济利益所动，根据自身生态容量制定并严格遵守入园旅游人数和滞留时间上限，严格控制开发区域和占林面积，坚持将生态保护优先、可持续发展的绿色理念落细落实，争取多为自然留下休养生息的时间和空间，努力形成节约资源和保护环境的生态空间和生产生活方式，实现了塞罕坝生态的持续向好。

党的十八大以来，我国生态文明建设取得的巨大成就，也得到了国际社会广泛肯定。人民群众的生态环境获得感、幸福感、安全感不断增强。但是，我们必须清醒地认识到，我国生态文明建设仍然面临诸多矛盾和挑战，生态环境稳中向好的基础还不稳固，从量变到质变的拐点还没有到来。生态文明建设正处于压力叠加、负重前行的关键期，已进入提供更多优质生态产品以满足人民日益增长的优美生态环境需要的攻坚期，也到了有条件有能力解决生态环境突出问题的窗口期。我们必须弘扬伟大精神，再接再厉、攻坚克难，以高水平保护推动高质量发展、创造新时代绿色发展奇迹。习近平总书记在塞罕坝机械林场尚海纪念林视察时强调："要传承好塞罕坝精神，深刻理解和落实生态文明理念，再接再厉、二次创业，在实现第二个百年奋斗目标新征程上再建功立业。"

党的十八大后，塞罕坝和我们一起进入新时代。站在新起点，开启新征程，在塞罕坝精神的引领下，塞罕坝人正以更加饱满的热情、更加昂扬的斗志和更加有力的措施，着力推动塞罕坝创新、绿色、高质量发展，全面开启"二次创业"新征程，走好新时代赶考路，为推进生态文明建设，建设美丽中国作出新的更大贡献！

四、撸起袖子加油干，再造千万塞罕坝

2017年8月，习近平总书记在对塞罕坝的重要批示中要求我们坚持绿色发展理念，弘扬塞罕坝精神，努力形成人与自然和谐发展新格局，把我们伟大的祖国建设得更加美丽，为子孙后代留下天更蓝、山更绿、水更清的优美环境。

塞罕坝的景色是美丽迷人的，塞罕坝的晚上是月朗星稀的，塞罕坝的四季是各具特色、如诗如画的。塞罕坝的空气是清新甜蜜的，驱车前往塞罕坝，一开车门，从呼吸第一口空气起，你就会感到这里空气真是清爽宜人。每一个到过塞罕坝的人，面对塞罕坝的蓝天白云、绿树青山，羡慕之情油然而生，情不自禁地发现和自己居住地的差距，往往会与自己日常的生活环境相比，感到一边是蓝天白云绿地，一边是任重道远的生态环境，甚至发出了感慨："塞罕坝一天看到的蓝天白云美景，在家乡一年都难得；一天呼吸的清洁空气，家乡一个月都不行！"

塞罕坝人追求绿色矢志不渝，走出了一条播种绿色、捍卫绿色的希望之路。塞罕坝人用生命在荒僻的高原上写下了一首可歌可泣的英雄史诗，其成

◎ 塞罕坝湖水的上下天光美景

◎ 塞罕坝草原的美丽图景

功实践增强了我们推进生态文明、建设美丽中国的信心。美丽中国能否实现？如果可能，何时才能建成？被破坏的生态环境还能否修复？如果过去我们还有疑问的话，通过塞罕坝感人事迹的学习，我们应该信心满满，应该有这样的战略定力和耐心，我们也要有这样的历史主动和历史自信。

盛世兴林，泽被后世；绿色发展，利在千秋。生态财富是最大财富，绿色家园是最美家园。虽然这些年我国生态环境大为改善，环境保护工作取得很大进展，但在构成大地生态系统的几大元素中（有空气、土地、森林、河流、湖泊、地下水等），我国几乎都面临严重的问题，和塞罕坝的生态环境档次相比可以说相去甚远，需要我们长期的奋斗才能实现祖国处处塞罕坝，人人过上生态优美的美好生活。

生态文明建设永远在路上。我国的生态文明不是一朝一夕就能实现，也不是一次整治、一回部署就能解决的，必须久久为功，积小胜为大胜。我们要像塞罕坝人那样，锁定生态文明建设目标，以“前人栽树、后人乘凉”的格局，以“功成不必在我”的胸怀，艰苦奋斗、攻坚克难，一年接着一年抓，一代接着一代干，早日让广大人民群众生活在“青山常在、清水长流、空气常新”的生态环境之中。

塞罕坝林场生态文明建设的伟大实践是习近平生态文明思想在河北的生动体现。塞罕坝的成功实践告诉我们，“绿水青山就是金山银山”作为习近平生态文明思想的核心理念，是经得起实践考验的，是千真万确的。我们要以塞罕坝的成功实践为榜样，增强信心、下定决心，坚持生态优先、绿色发展，加快经济转型升级，实现高质量发展。坚持“宁要绿水青山，不要金山银山”，反对以牺牲环境为代价，取得一时的“发展”，坚决摒弃唯GDP论英雄的错误认识，努力实现生态保护和经济发展双赢，推动整个社会走上生产发展、生活富裕、生态良好的文明发展之路。

◎ 美丽乡村骆驼湾

◎ 见山见水的美丽乡村骆驼湾

再造千万塞罕坝要求我们，必须坚决守住祖国的绿水青山，加快生态修复步伐，让一切破坏生态的行为不再继续，把过去遭到损坏的环境逐步修复过来，使秦岭南北、大河上下、长城内外，祁连山麓、云南滇池、太湖之滨、长江沿线等的广大乡村，都成为浙江“千万工程”式的美丽乡村；在祖国的生态脆弱地区，修复出越来越多的像塞罕坝林场、右玉沙地造林、延安退耕还林、阿克苏荒漠绿化一样的生态奇迹，在神州大地，从东南沿海到西北边陲，打造生态优美的可爱家园。

美好生活是奋斗出来的。中华民族已处于伟大复兴的关键时期，改革发展正处在攻坚克难、闯关夺隘的重要阶段，迫切需要我们锐意进取、奋发有为、关键时顶得住。塞罕坝已经为我们提供了一个生态修复的范例，闯出了一条成功之路，一条生态文明修复之路。要让美丽中国的愿景变成触手可及的美景，奋斗是唯一路径。因为人世间的美好梦想都是依靠奋斗实现的，发展中的各种难题都是通过实干破解的。美丽中国，不可能从天而降，只能靠我们像塞罕坝人那样的持久努力。怎么在高寒地区育林、大型机械化林场如何管理，我们都已不再陌生，现成的技术、设备、人员都基本可用，与当年塞罕坝相比，如今的技术、人力、物力都已今非昔比。塞罕坝人以当年那么恶劣的自然、落后的经济和几乎处于空白的技术条件，都能把高原荒地修复成绿色林海，我们要建设美丽中国，实现神州尽是塞罕坝，“撸起袖子加油干”就能成功！为了全国人民对美好生活的向往，我们没有理由不能！毕竟，在新时代的奋斗历程中，“唯有踔厉奋发、笃行不怠，方能不负历史、不负时代、不负人民”。

冰冻三尺，非一日之寒。我国的环境是几十年、甚至上百年积累的结果，决不能在我们这一代人手中恶化，但缓解环境压力，也不是一朝一夕的事，不可能毕其功于一役。因为，我们不可能把污染企业一下子全关了，而只能是边治理、边发展，争取环境质量早日明显好转。同时，相对于雾霾治理，水、土壤污染后治理修复难度更大。我们要以塞罕坝为榜样，牢记美丽中国初心，一代接着一代干，持之以恒，久久为功，不达目的，决不收兵！

一代人有一代人的使命。保卫蓝天白云，建设生态文明，功在当代，利在千秋，惠泽子孙。新时代，我们的经济基础、工作生活条件都有了很大的改善，艰苦奋斗的优良传统不但不能丢，而且要把它在新时代发扬光大！生态文明建设历来是投入多、难度大、周期长、见效慢，与项目建设、GDP增长相比，是一项需要长期坚持而没有眼前利益，没有立竿见影式政绩的工作，不是一朝一夕、一蹴而就的事业，需要我们坚决担负起生态文明建设的历史与政治责任，以前所未有的决心和勇气，以铁的决心、铁的目标、铁的责任、铁的作风去奋斗。

好日子都是奋斗来的。让我们从自己、从现在做起，把接力棒一棒一棒传下去，像塞罕坝人那样，锁定生态文明建设目标，既要有信心、决心，又要有恒心，以“前人栽树、后人乘凉”的格局，以“功成不必在我”的胸怀，坚定不移走绿色发展之路，一年接着一年抓，一代接着一代干，持之以恒、久久为功，打好蓝天、碧水、净土保卫战。不达目的决不罢休，广大人民群众向往的蓝天白云常驻、绿水青山永存的美丽中国，生态环境质量持续改善的幸福生活就一定能够实现。撸起袖子加油干！

五、弘扬好塞罕坝精神要网上网下联动

近年来，随着网络技术的快速发展和广泛应用的迅速普及，我国互联网行业快速发展，加之智能手机的大幅降价，曾经令人望价生畏的移动电话“大哥大”，十几年间就以移动网络的身份“飞入寻常百姓家”；我国网民规模快速增长，互联网的社会作用和影响越来越强，整个国家迅速迈入网络社会，网络空间已成为亿万民众共同的精神家园。如今，几乎社会各阶层都人手一部智能化移动电话，成为网络社会的一员。

据中国网络空间研究院2021年9月26日在世界互联网大会乌镇峰会上发

布的《中国互联网发展报告2021》指出，截至2020年底，我国网民规模已经达到9.89亿人，互联网普及率达到70.4%。庞大网民队伍形成和超过千万个微信公众号的出现，标志着网络对我国社会生活的渗透已逐渐从最初的看新闻、传信息，发展到了如今的表达意愿诉求、传播文字信息和视频图像、出行购物娱乐等生活的各个方面，网络开始前所未有地影响着网民的思想观念和行为方式。随着网络技术的快速提升和在社会各阶层的广泛普及，我们已经进入到网络社会。

思想是行动的先导。与网络社会同步，我国的思想宣传教育领域则进入到了一个融媒体、自媒体和传统报刊、广播电视等互相补充、互相竞争的全新时代。在网络空间，只要拥有一部手机或者一台可以上网的电脑，人人都可以发布消息、表达意见，举办活动、聚会演说，甚至仅仅刷下存在都很正常。网络表达的空前便利性和自由度，与网络传输的迅捷性，使普通网民、宣传教育工作者的声音几乎处在同一个平台上，网民可以相互交流激荡，加深着人们融入网络社会的步伐、深度和广度，也影响着人们接受信息的量和质，左右着人们的思想观念和认识水平，给新时代宣传思想政治教育工作提供了前所未有的契机和挑战。这也正是近期党中央要求我们加强网络文明建设的重要原因。

网络社会中各类传统与新媒体的地位和作用发生了质的变化。相比传统媒体，互联网媒体具有传播效率快、受众范围大、运营成本低的明显优势。搞好新时代塞罕坝精神宣传教育工作，充分发挥互联网作用是社会进步的呼唤。我们要适应网络社会受众的变化与特点，坚持政治站位和创新理论引领，高度重视网络媒体作为“重要渠道、重要载体、重要手段、重要阵地、重要桥梁”的作用，不断创新宣传教育手段和途径，实现网络宣传教育内容、语言和技术手段的全面进步，把塞罕坝精神搬到网上，为网络涂上塞罕坝的绿色，并发挥生态文明建设中的精神引领作用。

广大互联网从业人员要首先看到自己的社会责任。要积极投身到弘扬塞罕坝精神，宣传生态文明理念的时代大潮中来，让自己的科技智慧发挥出最大作用。进入21世纪，绿色环保理念已成为全球共识，建设生态文明已经成为人类社会文明发展的大趋势。当今中国，更是进入到了加强生态保护，加快生产生活方式转型，追求高质量发展和生活方式绿色化的新发展阶段。要重视网信队伍理论修养和能力建设，搞好针对性的教育培训，要组织大家认真学习贯彻习近平总书记致网络文明大会的贺信精神[①]和视察塞罕坝讲话精神，为推动塞罕坝精神宣传教育弘扬工作提升打好干部素质基础。还可以围绕“弘扬宣传塞罕坝精神，建设美丽中国”这一主题，组织各地相关人员举案例、诉经验、讲心得，在互相交流中得到提高。

思想政治教育是培养人的，又是为现实服务的。思想政治教育的内容要紧密围绕我国中心工作，服务社会发展大局，不断实现内容的丰富发展。每一个社科理论工作者、思想政治教育工作者都要认真学习习近平生态文明思想，深刻领会塞罕坝精神的实质，努力学习掌握网络表达手段，并把学习心得融入自己的言行中，做到知行合一、言行一致，成为宣传生态文明，建设美丽中国的先行者，做不忘美丽中国初心的坚定支持者、宣传员，为全民共同绘就美丽中国的新画卷作出应有贡献。

其次，要把普及生态文明知识理念作为新时代思想政治教育的重要内容，抓在手上，放在心上。现实的形势，要求我们的思想政治工作必须与时俱进，增加新时代特色内容，继续坚持马克思主义在我国意识形态的领导地位，坚持用马克思主义中国化最新成果——习近平新时代中国特色社会主义思想武装全党、教育人民，确保广大干部群众不断增强“四个意识”，坚定“四个自信”，做到“两个维护，要把普及生态知识，传播环保理念，学习贯彻习近平

---

① 2021年11月19日，全国网络文明大会在北京召开，习近平总书记致信祝贺。习近平总书记指出：“网络文明是新形势下社会文明的重要内容，是建设网络强国的重要领域。”“要坚持发展和治理相统一、网上和网下相融合，广泛汇聚向上向善力量。”“共同推进文明办网、文明用网、文明上网，以时代新风塑造和净化网络空间，共建网上美好精神家园。”

生态文明思想，大力弘扬塞罕坝精神作为新时代思想政治工作的重要任务，努力用广大群众喜闻乐见的形式和语言，宣传生态文明理论，推动党的创新理论在广大干部群众中入心入脑，进一步增强新时代思想政治工作的针对性、有效性，为培育具有较强生态意识的时代新人，激励全体人民牢记“三个务必”，在实现第二个百年奋斗目标新征程上再建功立业，贡献智慧和力量。

最后，要切实抓好网上弘扬塞罕坝精神工作。在网络社会，弘扬塞罕坝精神必须网上网下一起上，一起抓、全覆盖。习近平总书记2021年8月视察塞罕坝时指出：“抓生态文明建设，既要靠物质，也要靠精神。要传承好塞罕坝精神，深刻理解和落实生态文明理念，再接再厉、二次创业，在实现第二个百年奋斗目标新征程上再建功立业。”因此，如何在网上搞好现代生态理念宣传普及，在全体人民中弘扬塞罕坝精神，已经成为摆在广大思想政治教育工作者面前的一项极具现实意义的紧迫课题。要解放思想，更新观念，学习技术，在内容、形式、平台建设等多方面综合发力，把网络这一新型宣传阵地的作用发挥好、利用好，推动塞罕坝精神在全国开花结果，推动我国生态文明建设顺利进行。

一要充实生态文明内容。网上弘扬塞罕坝精神，既要政治正确，也要符合生态要求。要紧密结合塞罕坝这一习近平总书记肯定批示的“生态文明建设生动范例”的感人事迹，深入挖掘塞罕坝所体现的现代生态文明理念，阐明生态文明建设“既靠物质，又靠精神”的道理，并在搞好先进典型和崇高精神的宣传推介基础上，介绍生态文明概念的丰富内涵，讲清楚为什么建设生态文明、建设什么样的生态文明和怎样建设生态文明等习近平生态文明思想的重大理论观点。这是落实现代生态理念，推进美丽中国建设的思想基础和精神动力。

要坚持用习近平生态文明思想统领网络表达内容，把生态理念贯彻于一切网民、所有平台的网络表达内容全过程，使之符合现代生态理念要求，体现社会未来趋势，有利于生态意识增强。要构建风清气正网络文明，对于违背生态原则，甚至宣扬破坏生态、诱导生产生活浪费，或散布对美丽中国建设悲观失望情绪的行为要坚决予以纠正，防止网络成为不符合现代生态文明理念的错误观点与行为的宣传场所。各级网管、网信、各网络平台要把是否符合习近平生态文明思想作为一条红线，与新发展理念、政治道德要求结合起来一并监管，既管政治正确、道德高尚、合法合规，也看是否符合生态优先、绿色发展要求。

二要提高技术含量。对于任何新媒体来说，无论多么正确的内容、多么深刻的道理，如果没人看、没人转、无互动，效果都不会理想。网上宣传弘扬塞罕坝精神要整合各类媒体优势，大力推动多平台网宣齐发力，构建弘扬塞罕坝精神的社会舆论氛围，让生态优先、绿色发展成为网络空间的主基调。要充分发挥网络平台“来得快，影响大”的功能特性，充分利用短视频、直播等现代传播方式，宣传塞罕坝的四季美景，讲好塞罕坝的动人故事，进一步提升塞罕坝景区的美誉度、吸引力和塞罕坝精神的影响力、冲击力。深入研究新时代互联网发展规律，探索新的网络空间传播方式，推动网络传播理念、内容、形式、方法、手段创新。结合H5、互动游戏、短视频、VLOG、VR、动画等呈现方式，研究进一步适应时代要求的互联网传播新产品，拓宽宣传教育渠道。有关单位和网络平台，也可开展一些网络答题、竞猜或者抽奖送塞罕坝景区门票等活动。可以组织专家学者、作家诗人等人士，深入景区座谈走访、体验生活，帮助景区完善修改解说词，撰写游记、诗歌、散文、小说等相关文学作品，在国内主流媒体发表，或者制成公益视频在电视、网络播放。可以借鉴一些接地气的成熟网络语言，增强宣传教育的实效性。

三要实现网上网下密切配合。全媒体时代并不能彻底否认传统媒体作用，而是要充分发挥网络的作用，通过电视、电影、相声、小说、散文、绘画、书法等形式的网络传播，提高网络表达的吸引力，让更多的中老年人通过网络受到随时随地的教育熏陶，把塞罕坝打造成“网红”。要结合网络定位特点，对网络媒体工作全面深化改革，从队伍建设、体制构建、业务提升、宣传形式等视角加以改进完善，提高宣传教育效果、内部管理水平和工作人员业务素质。“百闻不如一见”，生态旅游在思想观念形成中的作用不可低估。国内生态优美之地，适合条件的地方都要积极发展生态旅游，通过这一方式，潜移默化地教育人、培养人、改变人、塑造人。塞罕坝这种孕育了伟大塞罕坝精神的地方，要搞好旅游发展，让广大游客在优美的自然游览中感受环境的美丽，体会精神的力量，增强生态的观念，提升宣传思想教育工作的传播力、引导力、影响力、公信力。

四要完善政策法规体系，优化普及生态文明知识理念的社会环境。2021年11月19日，首届中国网络文明大会在北京开幕。习近平总书记为大会发来贺信，强调“要坚持发展和治理相统一、网上和网下相融合，广泛汇聚向上向善力量”，为我们完善构建网络文明的政策法规环境指明了方向。近年来，我国积极清朗网络生态环境，推进互联网法制建设，广泛凝聚起网络文明向上向善的社会共识，不断夯实网络文明法治保障根基，全社会共建共享网上美好精神家园的新格局正在形成。要在网络文明建设的相关文件中，注入生态文明建设要求，使网络表达成为一种绿色行为、绿色自觉，让互联网这个“最大变量”成为在全社会弘扬塞罕坝精神的“最大增量”。

保护生态环境，建设美丽中国，是每一个中华儿女的强烈愿望，是当代中国人的时代使命。衷心希望全社会对生态文明建设越来越重视，我们的生产生活越来越绿色，中华民族生生不息的伟大祖国越来越美丽，全世界人类共有的地球家园越来越健康，我国和全球共同进入生态文明社会。

总之，只有认识到位，行动才能更坚决更到位，建设美丽中国才能更有保障。塞罕坝的生动事迹发生在燕赵大地，但其影响却既是全国的，又得到了全球认可。深刻把握塞罕坝“生态文明范例”的丰富内涵，大力弘扬塞罕坝精神，是我国生态文明建设的必然要求。塞罕坝精神形成于过去的成功实践，也必将在未来的新征程中产生强大的推动力量。我们已经打赢脱贫攻坚战，全面建成小康社会，开启了建设现代化强国的新征程，吹响了建设美丽中国的号角。这就需要我们大力宣传弘扬塞罕坝精神，教育和动员全体人民为生态环境持续优化作出新的更大贡献。

第六章　奋力开启生态文明建设新征程

历史车轮滚滚向前，我们在全面建成小康社会的基础上，已经开启了全面建设社会主义现代化强国的新征程。新征程有新的使命，其中就包括坚持以习近平生态文明思想为指导，牢记百年美丽中国初心，不断掀起绿色发展新浪潮，早日实现美丽中国伟大梦想。

一、美丽中国是我们的初心和梦想

美丽中国，是浪漫主义和现实主义的完美结合，是一幅山清水秀人美的如诗画卷，是人民群众日益增长的美好生活需求之一，也是共产党人的百年初心和历史使命。

2012年11月8日，中国共产党第十八次全国代表大会（简称中共十八大）在北京召开，大会结束后习近平同志被选举为党的总书记。习近平总书记上任伊始就向世人宣示：人民对美好生活的向往，就是中国共产党人的奋斗目标。在参观《复兴之路》大型展览时指出，实现中华民族伟大复兴，就是中华民族近代以来最伟大的梦想，为我们勾画了中华民族伟大复兴的宏伟蓝图，确定了我们为实现民族伟大复兴中国梦而奋斗的宏伟目标。“中国梦”内容十分丰富，涉及诸多方面，且不同经济文化地位的人们期待又有所不同，但生态文明作为一个最普惠的民生福祉，属于社会各界普遍受益和梦想期待的内容。

小知识：

方志敏烈士与美丽中国梦想

方志敏（1899—1935年），江西弋（yì）阳人。1922年加入中国社会主义青年团。1924年转为中国共产党党员。曾任国民党江西省党部执行委员兼农民部部长、江西省农民协会常委兼秘书长、中华全国农民协会临时执行委员会委员。1928年1月领导弋（阳）横（峰）起义。曾任中共弋横中心县委书记、闽浙赣省委书记，信江、赣东北省和闽浙赣省苏维埃政府主席，第十军代理政治委员等职。先后领导赣东北、闽浙赣革命根据地反“围剿”作战，并配合中央革命根据地反“围剿”作战。1934年11月任红军十军团军政委员会主席。1935年1月在江西怀玉山区遭国民党军包围，在玉山陇首村被俘。面对严刑和诱降，正气凛然，坚贞不屈。8月6日在南昌英勇就义。遗著有《可爱的中国》《狱中纪实》《清贫》等。

《可爱的中国》是无产阶级革命家方志敏于1935年5月2日在狱中写下的一篇散文。作者在这篇散文中写的是他求学、被捕、囚禁中的一些见闻、一些事理、一些感悟，并对人生最后一段日子提出了假设。这篇散文主要体现方志敏两个方面的思想感情，首先是针对当时中国的国民党反动派认为中国的共产党人的革命“只顾到工农阶级利益，而忽视了民族利益”这一原则性的问题进行了讨论，并加以回答，打破那些武断者诬蔑的谰言；其次是寄语后人：人一定要有一种自强不息的精神，不要被一时的困难所吓倒。

建设天蓝、地绿、水清的美丽中国是新征程的重要目标，是实现中华民族伟大复兴中国梦的重要内容，承载着几代中国人的初心和梦想。革命烈士方志敏曾在其名著《可爱的中国》中，饱含深情地描述了中国的美丽与可爱：至于说到中国天然风景的美丽，我可以说，不但是雄巍的峨嵋，妩媚的西湖，幽雅的雁荡，与夫“秀丽甲天下”的桂林山水，可以傲睨一世，令人称羡；其实中国是无地不美，到处皆景，自城市以至乡村，一山一水，一丘一壑，只要稍加修饰和培植，都可以成流连难舍的胜景……中国海岸线之长而且弯曲，照现代艺术家说来，这象征我们母亲富有曲线美吧。我们祖国这位“美丽的母亲，可爱的母亲”，只是因为积贫积弱而“现出怪难看的一种憔悴褴褛和污秽不洁的形容来”，受到外国的侵略和蹂躏。尽管如此，方志敏烈士仍然坚信“中国一定有个可赞美的光明前途”，并坚持奋斗，直至生命最后一刻都在呼吁全国人民“不要悲观，不要畏馁，要奋斗！要持久的艰苦的奋斗”！

新中国成立后，党领导人民“根治海河”、整修水利，愚公移山、改造中国，进行了艰苦卓绝的奋斗与牺牲，祖国山河面貌大为改观，中国越来越美丽。1978年12月党的十一届三中全会后，我国进入改革开放时期，曾经流行于20世纪80年代，至今仍广泛传唱的优美歌曲《年轻的朋友来相会》，则是代表了改革开放初期我国各族人民对21世纪美丽中国的憧憬和向往，是美丽中国梦想的时代表达。其中“再过二十年，我们重相会，伟大的祖国该有多么美！天也新，地也新，春光更明媚，城市乡村处处增光辉”的歌词，点明了几代人美丽中国的初心与梦想。

加强生态系统保护和修复，建设美丽中国是新时代的历史性任务。2012年，党的十八大胜利召开，中国特色社会主义进入新时代。新时代具有新矛盾，人民群众对美好生活有新需求。2017年召开的党的十九大指出，我国社会主要矛盾已经转化为人民日益增长的美好生活需要和不平衡不充分的发展之间的矛盾。经过改革开放40多年的努力，我国已经稳定解决了十几亿人的温饱问题，全面建成小康社会，人民美好生活需要日益广泛，不仅对物质文

© 山水和谐美景

化生活提出了更高要求，而且对环境等方面的要求，已经成为广大人民群众对美好生活向往的一项重要内容。正如习近平总书记指出的那样："环境就是民生，青山就是美丽，蓝天也是幸福。""良好生态环境是最公平的公共产品，是最普惠的民生福祉。"

新时代生态文明建设取得历史性成就。党的十八大以来，以习近平同志为核心的党中央以前所未有的力度抓生态文明建设，大力推进生态文明理论创新、实践创新、制度创新，创立了习近平生态文明思想，美丽中国建设迈出重大步伐，我国生态环境保护发生历史性、转折性、全局性变化。打赢大气污染攻坚战，让蓝天永驻、白云常在，使城里的孩子见到满天繁星不再激动；打赢污水防治攻坚战，保障人民群众饮用水安全，消灭城乡黑臭水体，还老百姓清水绿岸、鱼翔浅底的昔日景象；搞好土壤污染治理管控，让广大

◎ 养目润肺的青山蓝天

◎ 怡人悦已的岭上白云

干部群众吃得放心、住得安心；开展农村人居环境整治行动，打造美丽乡村，为老百姓留住望得见山、看得见水、记得住乡愁的田园风光，就成为新时代广大群众美好生活的新需求，也充分体现着我们不忘初心、牢记使命，矢志不移建设美丽中国的初心、意志和行动。

二、中华大地越来越清新美丽

2012年党的十八大胜利召开以来，在以习近平同志为核心的党中央坚强领导下，在习近平生态文明思想正确指引下，党中央以前所未有的力度抓生态文明建设，全党全国推动绿色发展的自觉性和主动性显著增强，我国人民团结一心，坚定不移走生态优先、绿色发展之路，我国生态文明建设迈出重大步伐，我国生态环境保护发生历史性、转折性、全局性变化，人与自然和谐共生的美丽中国正在从蓝图变为现实。

首先是从中华民族复兴的千年大计和实现永续发展的高度，重视生态文明建设。改革开放以后，党日益重视生态环境保护。同时，生态文明建设仍然是一个明显短板，资源环境约束趋紧、生态系统退化等问题越来越突出，特别是各类环境污染、生态破坏呈高发态势，成为国土之伤、民生之痛。以习近平同志为核心的党中央清醒地认识到，如果不抓紧扭转生态环境恶化趋势，必将付出极其沉重的代价。党中央强调，生态文明建设是关乎中华民族永续发展的根本大计，保护生态环境就是保护生产力，改善生态环境就是发展生产力，决不以牺牲环境为代价换取一时的经济增长。必须坚持绿水青山就是金山银山的理念，坚持山水林田湖草一体化保护和系统治理，像保护眼睛一样保护生态环境，像对待生命一样对待生态环境，更加自觉地推进绿色发展、循环发展、低碳发展，坚持走生产发展、生活富裕、生态良好的文明发展道路。

其次是敢于担当，措施得力。以习近平同志为核心的党中央，从思想、法律、体制、组织、作风上全面发力，全方位、全地域、全过程加强生态环境保护，推动划定生态保护红线、环境质量底线、资源利用上线，开展一系列根本性、开创性、长远性工作。党组织实施主体功能区战略，建立健全自然资源资产产权制度、国土空间开发保护制度、生态文明建设目标评价考核制度和责任追究制度、生态补偿制度、河湖长制、林长制、环境保护“党政同责”和“一岗双责”等制度，制定修订相关法律法规。优化国土空间开发保护格局，建立以国家公园为主体的自然保护地体系，持续开展大规模国土绿化行动，加强大江大河和重要湖泊湿地及海岸带生态保护和系统治理，加大生态系统保护和修复力度，加强生物多样性保护，推动形成节约资源和保护环境的空间格局、产业结构、生产方式、生活方式。着力打赢污染防治攻坚战，深入实施大气、水、土壤污染防治三大行动计划，打好蓝天、碧水、净土保卫战，开展农村人居环境整治，全面禁止进口“洋垃圾”。开展中央生态环境保护督察，坚决查处一批破坏生态环境的重大典型案件、解决一批人民群众反映强烈的突出环境问题。我国积极参与全球环境与气候治理，作出力争2030年前实现碳达峰、2060年前实现碳中和的庄严承诺，体现了负责任大国的担当。

最后是效果显著。青山自古不负人。党中央的正确部署，全国人民的不懈努力已经结出生态文明建设的累累硕果，生态文明建设正在广泛而深刻地改变着中国面貌。经过十八大以来持续不断的治理，我国生态环境已经大为改善，可以说成效有目共睹。如今，北方春天曾经频繁出现的沙尘暴虽未绝迹，但无论从次数频率，还是强度都大为改观，漫天黄沙的日子更是很少出现；长期困扰京津冀、长三角、汾渭平原等地的严重雾霾，同样得到很大程度的有效治理，当地人民可以看到更多的蓝天白云，晚上的繁星不再奢侈，空气清洁度大为提高，家乡的月亮既大又明，外地、外国的月亮风光不再；江河湖海、城市乡村的生态都得到了重视，京杭大运河畔、万里长城内外和红军长征沿线的国家公园建设更是扎扎实实，既美化了环境，又改善了民生。

◎ 京杭大运河国家公园掠影

随着生态文明思想认识的不断深入、生态文明制度的不断完善、生态文明具体实践的不断推进，整个中国正在变得越来越美，蓝天白云重新展现，浓烟重霾有效抑制，黑臭水体明显减少，土壤污染风险得到管控。绿色经济加快发展，产业结构不断优化，能源消费结构发生重大变化；全面节约资源有效推进，资源能源消耗强度大幅下降，生态环境质量持续改善。

如今，整个中国从北方大漠到江南水乡，从青藏高原到吐鲁番盆地，从深居内陆的西北到滨海岸边的东南，从茫茫荒原到葱葱绿林，整个国家越来越绿，森林更多更壮实，草原更绿更茂盛，沙区扩张得到遏制。从废弃矿山到景区公园，从纳污坑塘到碧水清波，蓝绿空间越来越多，一幅天蓝、地绿、水净的美丽中国画卷正在白山黑水间、秦岭淮河岸、天山南北麓、珠江两岸边徐徐绘就。

◎ 大运河畔荷花香

◎ 京杭大运河清河油坊古镇段即景

小知识：

美国卫星肯定中国绿化的世界贡献

众所周知，中国的地理位置处于温带与亚热带，全国多地因领土辽阔等原因，在地形与气候上存在着较大差异，所以绿植覆盖率能做到现有的程度已经十分不容易。在全球森林资源持续减少的情况下，我国一手抓天然林保护，一手抓人工造林，科学植绿护绿，国土绿化持续推进，已成为世界上人工林面积最大的国家。2000年以来建立各类自然保护地超过1.18万个，有效保护了90%的植被类型和陆地生态系统、85%的重点保护野生动物种群，全球新增绿化面积约四分之一来自我国。

据美国国家航空航天局（NASA）卫星提供的图像和数据图片显示，中

◎ 中华大地林草茂

国绿化工程得到了美国专家的肯定。NASA的Terra和Aqua两颗卫星通过其上搭载的MODIS传感器数据分析结果，说明中国的绿植覆盖率大幅上涨。自2000年以来，全球绿地面积增加5%，地球比20年前更加绿色。在NASA卫星新拍的一张卫星图片上，可以发现中国放眼望去是一片绿色。近20年中国绿植种植速度迅猛飙升，森林覆盖率高达23.04%，中国成为全球森林增长的最大贡献者。位居全球第一位是中国在绿植种植上的突破，凸现了中国的成就、壮举和贡献；人民群众生态环境获得感、幸福感、安全感不断增强，也说明了我们建设美丽中国的进展。

总之，近年来我国的优异“绿色答卷”令人民满意、世界瞩目。在习近平生态文明思想指引下，我们全面加强生态环境保护，决心之大、力度之大、成效之大前所未有。污染防治攻坚战阶段性目标全面完成。我们完全有理由坚信，在生态文明建设的道路上，伟大的社会主义中国将会越走越远。到2035年，全国生态环境质量将实现根本好转，美丽中国目标基本实现。到2049年新中国成立100周年之际，我国“五大文明”水平将全面提升，绿色发展方式和生活方式全面形成，人与自然和谐共生的社会主义现代化强国全面实现，美丽中国全面建成，中华民族迎来伟大复兴的时刻。

三、我国生态文明建设任重而道远

行百里者半九十。十八大以来，我国生态文明建设取得重大进展，生态环境保护，乃至整个生态文明建设工作发生了历史性变革，取得了历史性成就。

小知识：

从两首唐诗看空气污染和物种灭绝

登鹳雀楼

［唐］王之涣

白日依山尽，黄河入海流。

欲穷千里目，更上一层楼。

王之涣这首名诗，开头一句就让许多人不太明白，那就是太阳落山前我们平常看到的都是“红日”啊。“夕阳”从来都是红色的，一直是人们的常识，怎么王之涣这么写呢？莫非唐朝的“红”和“白”通假不成？

其实不然，王之涣没有错，他确实看到的是“白日”而非“红日”。原因主要是唐朝属于典型的农业社会，空气质量为今日住在城市的人们少有体验过的。唐朝时候除非大雾、沙尘等少有天气外，空气中悬浮颗粒，无论是PM2.5，还是PM都很低，鹳雀楼又在人烟稀少的山西省永济市蒲州古城西面的黄河东岸。晴空万里、碧空如洗的背景下，空气的能见度很好，太阳光谱的赤、橙、黄、绿、青、蓝、紫等诸种颜色都能穿透大气直达地面，于是人们就可以看见几乎和中午的一样“白色”的太阳了。反之，如果空气污染严重，太阳的其他颜色都被过滤，人们就只能看到太阳光中的“红色”了，于是红日就呈现在我们面前了。有外出旅游经验的人也有这种体验，在我国的大西北，甚至在河北张家口坝上地区和承德塞罕坝林海，只要天气晴好，傍晚完全可以看见“白日”徐徐落幕场景的。

◎ 石家庄龙凤湖畔火烧云

早发白帝城

［唐］李白

朝辞白帝彩云间，千里江陵一日还。

两岸猿声啼不住，轻舟已过万重山。

包括笔者在内的许多人都曾到长江三峡旅游过，笔者第一次去时三峡大坝尚未截流，当我们从白帝城顺流而下时，确实感受到了祖国山河的壮美，无论是神女峰，还是小三峡，都确实让人感到值得一游，甚至也会有“除却巫山不是云”的感慨。但是对其中的第三句“两岸猿声啼不住”却毫无感觉，别说猿声啼不住，根本就一点儿都没有。究其原因，只能怪我们人类的活动，破坏了生态、破坏了生物的多样性，使“两岸猿猴”都不复存在。对于唐朝时的“猿声”，作为后人的我们，只能想象，遗憾多多了！

但是，不容否认的是，由于历史欠账太多、生产水平落后、观念更新滞后等原因，当前我国生态文明建设面临的形势仍然严峻，生态环境保护结构性、根源性、趋势性压力总体处于高位，正处于压力叠加、负重前行的关键期，已进入提供更多优质生态产品以满足人民日益增长的优美生态环境需要的攻坚期，也到了有条件有能力解决突出生态环境问题的窗口期。其中，国内环保形势可以用“三个没有根本改变”来概括，即以重化工为主的产业结构、以煤为主的能源结构、以公路为主的运输结构没有根本改变；空气污染仍然没有完全解决，雾霾和沙尘暴天气还是有发生，土地和水体污染同样问题不少，环境污染和生态环境保护的严峻形势没有根本改变；生态环境事件多发频发的高风险态势没有根本改变。这些都离满足人民群众日益增长的优美生态环境新期待，距支撑起民族复兴大业、建设现代化强国的目标有不小的差距。节能减排、实现低碳达标和碳达峰碳中和的庄严承诺，更是需要全国人民共同付出长期而艰苦的努力。同时，还要看到，当前国际环境正发生深刻复杂变化，风险挑战日趋增长，单边主义、保护主义抬头，“逆全球化”在一些国家不断蔓延。

小知识：

1. 雾霾及PM2.5简介

雾霾的专业称呼应该叫作灰霾，英语是Ash-Haze（雾霾的英语是

Smog)。雾霾看似温和，里面却含有各种对人体有害的细颗粒、有毒物质20多种，包括了酸、碱、盐、胺、酚等，以及尘埃、花粉、螨虫、流感病毒、结核杆菌、肺炎球菌等，其含量是普通大气水滴的几十倍。雾霾会诱发多种疾病，如哮喘、气管炎、脑出血、高血压、结膜炎、咽炎等。所以，冬天的雾霾有“冬季杀手”之称。

PM2.5是空气质量评价的重要标准。空气动力学和环境气象学对于形成

◎ 中度雾霾下的某城

空气污染的颗粒物是按直径大小来分类的，于是形成我们经常听到的可入肺颗粒物（PM2.5）、可吸入颗粒物（PM10）和总悬浮物颗粒物（PM100）等概念，它们是环境空气质量监测中经常使用的概念，代表着大小不同的三类大气污染物，对人体健康和环境空气质量都有重要的影响。所谓的PM2.5就是指直径小于或等于2.5微米的颗粒物，它又被称为“灰霾元凶”。它潜伏在空气中，不仅会伤害人的健康，更给社会造成难以挽回的经济损失。PM10则是指直径大于2.5微米、等于或小于10微米，可以进入人的呼吸系统的颗粒物。总悬浮颗粒物也称为PM100，即直径小于和等于100微米的颗粒物。

立足国情，从实际出发是我们的一贯作风。鉴于现阶段我国的经济社会发展和环境保护形势任务，目前我国确定的PM2.5标准值为24小时内平均浓度小于75微克/立方米为达标。这一数值与PM2.5国际标准相比还存在不小差距，仅仅达到了世卫组织设定的最宽标准。根据世界卫生组织数据，PM2.5国际标准指导值24小时内低于25微克；过渡期目标1为24小时内小于75微克；过渡期目标2为24小时内小于50微克；过渡期目标3为24小时内小于37.5微克。同时，世界卫生组织还认为年均浓度达到每立方米35微克时，人患病并致死的概率将大大增加。这也是我们扶贫攻坚中对待国际贫困线标准的统一做法，即国际标准高，我们只能结合本国实际订立自己的标准。

2. PM2.5与空气质量评价标准

根据PM2.5的空气质量新标准，24小时平均值标准值分布如下：空气质量等级：

优：0～35 $\mu g/m^3$

良：35～75 $\mu g/m^3$

24小时PM2.5平均值标准值：

轻度污染：75～115 $\mu g/m^3$

中度污染：115～150 $\mu g/m^3$

重度污染：150～250 $\mu g/m^3$

严重污染：大于250 μg/m^{3}及以上

雾霾的形成来源，既有当地工农业生产生活造成的，也有外地输入的。近年来各地加大力度治理当地产生的雾霾，效果有时感觉很明显，然而有时又很无奈。2021年1月初河北省石家庄市藁城区小果庄村暴发新冠疫情，波及新乐市、邢台市、南宫市等地，石家庄整个城乡按下了20多天的“暂停键”，广大居民居家不得外出（医护、公安等人员除外），商场超市关门、车辆停驶、工厂歇业，理应空气质量大为改善，然而仍然出现了重污染天气，凸现了当地雾霾成因的复杂性和治理的艰巨性。

雾霾或者灰霾发达国家也曾有过，只是没有像我们这样引人注目。我国许多地方的空气污染已经很严重，我们要坚决支持国家打好污染防治攻坚战，包括打赢蓝天保卫战。

党的二十大为我们擘画了以中国式现代化推进中华民族伟大复兴的宏伟蓝图，对加强生态文明建设、建设美丽中国作出了全面部署。以减污降碳、协同增效促进经济社会发展全面绿色转型，进而完成我国生态环境质量总体改善，主要污染物排放总量大幅减少的总体目标，进而实现美丽中国建设任务，生态环境保护工作任重道远，松懈不得。

四、意气风发掀起绿色发展新浪潮

我们要充分认识加强生态环境保护的重要性和紧迫性，明确生态文明建设在党和国家事业发展全局中的重要地位。塞罕坝的意义不仅在于将荒山秃岭修复成“华北绿肺”，更在于探索出一条生态优先、绿色引领的发展新路，是绿色低碳生产、生活方式的深刻实践，是一场关乎产业结构和生产方式调整的经济变革，也是一次行为模式、生活方式和价值观念的“绿色革命”，它带来了诸多生态效应。塞罕坝林场用自己的生态修复史生动诠释了“绿水青山就是金山银山”理念，形象地阐述了经济发展与环境保护的辩证关系，证明两者并不矛盾，而是相互促进、相得益彰的关系。说明经济发展不能以破坏生态为代价，生态本身就是经济，保护生态环境就是保护生产力，改善生态环境就是发展生产力，坚定了我们走生态优先、绿色发展之路的决心。

党的十一届三中全会以来，特别是党的十八大以后，我国日益重视生态环境保护，把节约资源和保护环境确立为基本国策，把可持续发展确立为国家战略，采取了一系列重大举措。同时，在经济快速发展过程中，传统的高投入、高消耗、高排放粗放型增长模式造成了大量生态环境问题，生态文明建设仍然是一个明显短板，资源环境约束趋紧、生态系统退化等问题越来越突出，特别是各类环境污染、生态破坏呈高发态势，成为国土之伤、民生之痛。我国环境承载能力已经达到或接近上限，独特的地理环境也加剧了地区间的不平衡。随着我国社会主要矛盾发生变化，人民群众对优美生态环境的需要成为这一矛盾的重要方面，热切期盼加快提高生态环境质量。我国经济已由高速增长阶段转向高质量发展阶段，加快推动绿色发展成为必然选择。

推进生态文明，坚持生态优先、绿色发展，历来是投入多、难度大、周期长、见效慢的工程，与项目建设、GDP增长相比，是一项需要长期坚持而没有眼前利益、没有立竿见影式政绩的工作，不是一朝一夕、一蹴而就的事业。国内外的发展经验表明，当经济步入集约发展阶段之后，生态环境越好，发展机遇就越多，发展潜力也越大。良好的生态环境对高科技人才的吸引力、对现代产业的支撑能力越来越强，好的生态环境已成为不可替代的“天然资本”，绿水青山将会源源不断带来金山银山。实现转型升级，提升发展魅力，走高质量发展之路，增强广大人民群众的获得感、幸福感和安全感，要求我们必须把生态文明摆在更加突出的位置。因此，我国的生态文明不是一朝一夕就能实现，也不是一次整治、一个部署就能解决的，只能积小胜为大胜。

今天，我国生态文明建设取得了举世公认的成就，我们比历史上任何时期都更接近、更有信心和能力实现中华民族伟大复兴的目标。同时，我们必须清醒地认识到，中华民族伟大复兴绝不是轻轻松松、敲锣打鼓就能实现的，美丽中国绝不是一马平川、朝夕之间就能到达的，我国仍处于并将长期处于社会主义初级阶段，我国仍然是世界最大的发展中国家，我国的环境形势依然严峻复杂，生态优先、绿色发展之路也才刚刚开始。全党要牢牢把握社会主义初级阶段这个基本国情，牢牢立足社会主义初级阶段这个最大实际，科学把握我国社会主要矛盾的新变化，认真学习贯彻习近平生态文明思想，弘扬塞罕坝精神，奋力夺取全面建设社会主义现代化国家新胜利，创造无愧于党、无愧于人民、无愧于时代的美丽中国新业绩。

美丽中国要靠不懈奋斗。2022年胜利召开的中国共产党第二十次全国代表大会庄严宣告：从现在起，中国共产党的中心任务就是团结带领全国各族人民全面建成社会主义现代化强国、实现第二个百年奋斗目标，以中国式现代化全面推进中华民族伟大复兴。千里之行，始于足下。新时代新征程，我们的经济基础、工作生活条件都有了很大改善，艰苦奋斗的优良传统不但不能丢，而且要把它发扬光大。对照塞罕坝，我们找到了学习榜样；面对宏伟目标，我们感到了重大责任。如今，面对复杂严峻的国际环境，面对繁重的国内现代化强国建设任务，我们要像三代塞罕坝林场人那样，以坚韧不拔的斗志和永不言败的担当，发扬伟大斗争精神，战胜前进道路上面临的一切困难和挑战，早日实现中华民族伟大复兴梦想。

五、开启生态文明建设新征程

建设美丽中国千头万绪，关键是坚持以人民为中心的理念，解放思想，实事求是，多出实招、硬招，提出新举措，解决新问题，强化技术手段，增强针对性、实效性，不断推进我国生态文明建设登上新台阶。开辟新领域，打开新局面，取得新成就，以生态改善的实实在在的成果提升广大人民群众对美好生态环境的获得感、幸福感和满意度。

千里之行，始于足下。华北等地久治难愈的空气污染问题，除了前文谈到的必须大力发展“木煤”产业，优化乡村能源结构和人居环境外，还要积极开展输入型雾霾治理阻击战，搞好农村老旧柴油车治理，启动城镇居民家庭厨房油烟净化工作，开辟新战场，根治老问题，消除盲区，发展新经济，推动经济强省、美丽河北建设，筑牢首都北京“生态文明建设的护城河”。在此，仅就三个问题抛出几点设想。一孔之见，希望引发读者思考，进一步推动我们的大气污染治理走向科学化、精准化。

（一）开辟新战场，坚决打赢输入型空气污染阻击战

京津冀地区经历了多年大气治理，并取得明显成效后，迫切需要开辟治霾攻坚新战场，一举改变面对输入型污染束手无策，甚至只能被动接受的不应有局面。

输入型空气污染必须重视。2017年4月26日，国务院常务会议确定设立大气重污染成因与治理攻关项目，由生态环境部牵头，会同科技部、农业农村部、卫生健康委、中科院、气象局等部门和单位，集中优秀科研团队，针对京津冀及周边地区秋冬季大气重污染成因等难题集中攻坚。研究结果显示，京津冀区域空气污染有两个源头，一是本土产生的，也就是当地工农业生产生活产生；再一个则是输入型的，即由外地通过风等携带而来。攻关项目对2013年以来近百次的重污染天气过程进行了分析表明，区域传输对PM2.5影响显著，京津冀各城市平均贡献率大约是20%～30%，重污染期间可增加到35%～50%。重污染期间，区域传输对北京市PM2.5的平均贡献率大概是45%，个别过程可达70%。

经过研究观测，京津冀区域污染物有三个主要传输通道：一是（太行）山前通道，也就是自南向北，太行山沿线。属于河南北部—邯郸—邢台—石家庄—保定—北京一线，这个通道传输频率最高，输送强度最大，重污染过程平均的贡献率约20%，个别重污染过程可以达到40%。二是东南通道，就是山东中部—沧州—廊坊—天津中南部沿线。三是偏东的通道，也就是唐山—天津北部—北京这条线。

输入型污染治理的具体设想。经过广泛征求气象、环保、电子、水利等专家学者和实际工作者的意见，我们可以找到打赢输入型雾霾攻坚战的路径，即借用无人机灌溉、喷洒农药的做法，依托河北省众多河流都是自西而东，发源于太行山（燕山），进入平原的地理优势，引南水北调之水，选择一些处于污染空气输送关键节点的河流，在其南岸构筑一批蓄水池，待南风起、污染空气源源不断由南向北输入时，把无人机发送到300至500米的高度（雾霾垂直分布高度一般在300米以下，最高到500米），通过特制管带输送水源，并通过电源线提供的动力，持续进行人工降雨，形成一定宽度的水幕，以此净化由南向北，路过此地上空的输入型污染空气。当然，如果技术可行，且有利于能源节约，也可借鉴空中加油模式，为喷雾无人机加注水，而不是通过管道送水。在水帘北侧形成一种“空山新雨后”的空气清新效果，从而构筑起阻击南部污染空气进入并肆虐河北，威胁北京生态安全的环保阵地，进一步改善京津冀空气质量。按每架无人机负责喷淋20米计算，我们只要购置2000架无人机，就可以制造一个长达四五十千米的喷洒水帘，可以有效净化自郑州、新乡、安阳输入我省的污染空气。同时，也阻挡住了邯郸、邢台，乃至石家庄、定州、保定等地污染空气的北送途径。同时，借助国家建设大运河文化带的东风，可在京杭大运河冀东南段开展输入型污染空气阻击阵地建设运营试点工作。

小知识：

激光雷达和卫星可以观测跟踪空气污染及其运动轨迹

据新华社合肥2020年1月5日电，中科院安徽光学精密机械研究所环境光学研究中心专家张天舒说，他们研究出的激光雷达可以实时监测从地面到

10千米高空范围内的雾霾分布并分析其成分，实现了对近地面空气污染的无盲区垂直立体探测，并为治理空气污染绘制出一幅污染物传播的三维立体“路线图”。

这些“激光针”组成了一个三维立体的大网，改变了传统的探测方式。“激光针”可以从平原、山脉、海上向天空发射，还可以车、船载的形式移动。“激光雷达发出的激光束就像一根根‘探针’，可以直接获取近地面PM2.5等大气污染物的观测数据，特别是组网观测后，每一个‘探针’所获得的数据还可以进入大气物理、气象模型分析，从而动态、实时地了解雾霾的时间和空间分布、传输通道和总量等关键信息，建立起三维立体的污染物模拟场。”

该报道还说，这种新型激光雷达目前已在京津冀、长三角、川渝等多个人口密集区域加快普及和应用并组网观测，全国装备的总台数约500台，其中京津冀地区约200台，已经实现了观测全覆盖。

另据报道，一些气象与环境卫星也可观测大气中的雾霾，确认雾霾的移动路径，还可以确认特定地区的流入和流出量。还可以观测二氧化硫、二氧化氮等20多种大气污染物。治理输入型大气污染，也可以借助这一高技术提供精准目标指导。

这一设想，初听起来可能感到成本太大，甚至有点儿天方夜谭，但考虑到近年来各地因环保关停的企业，以及因环保采取的车辆限号和各级党政机关为环保付出的大量心血，就会觉得很有必要了。而且，这样做还可以对我省“十四五”，乃至今后更长一段时间内工农业生产发展和人民生活改善有利。同时，激光雷达和卫星为我们建立起了大气污染传输通道的立体观测网，技术条件已经成熟。因此，可以说精准阻击雾霾传输的主要技术障碍已经克服，我们下决心打好雾霾输入阻击战的时机已经到来。

输入型污染治理的几点具体配套措施。一是进一步搞好试点工作。开始可以在位于石家庄市区正南方，发源于赞皇县西南部嶂石岩，流经赞皇、元氏的槐河开展实验，技术成熟后再从太行山前的河道中选择数条进行复制推广。条件成熟时，位于河北西部的太行“山前通道”无人机作业涉及的下方河流，从南到北依次可以确定为：邯郸市的漳河、滏阳河，邢台市的大沙河、白马河、七里河，石家庄滹沱河、流经石家庄市新乐与行唐及定州的大沙河，保定市的府河、唐河和清水河等。东南一线可以使用冀鲁交界的南运河，北线则为滦河作依托，开展无人机治污作业。二是做好喷用水源供给和喷后污水处理工作。这些河道与南水北调线路多有交叉，既可以利用自然地面径流，也可商请国家有关部门同意，使用南水北调水源，作为喷淋用水。喷淋覆盖地面，可以多植绿草、灌木，并留以畜水沟坎，以便通过自然净化从天而降的截污水再利用。喷淋作业时，还可以先由无人机对空中污染充分采样，然后在水中加入必要化学成分，以便降低空中浮尘的有害性，减轻对依托河流水土的污染。三是委托专业机构，定制一批具有喷淋功能，可高空作业的无人机。这方面的技术国内已经相当成熟，知名无人机厂商都可生产。可由国家环保部出面，国家财政出资，组建专门机构“京津冀输入型空气污染治理中心”，暂定为一类事业单位，暂由国家环保部委托河北省大气办代管。职责为阻止污染空气进入河北、威胁北京，确保雄安新区天蓝水碧。条件成熟时鼓励其开展对外承揽特定区域的空气质量保障，以及农药喷洒、消防救灾、农田灌溉等业务，增加收入，并改按二类事业单位对待。

（二）根治老问题，加快乡村农用柴油车换代升级步伐

经过多年的不懈治理，河北省城乡机动车污染问题已大为改观，剩下的都是难解决的老问题，其中老旧柴油车辆最为紧迫。

老旧柴油农用车危害大，数量多。重型柴油车是污染大户。据了解，一辆国三重型柴油车一年排放的氮氧化物，相当于一辆国五小轿车一年排放量的90倍，超标时则相当于100～200倍。京津冀区域高速公路、国省干道四通

八达。远远望去，超标柴油动力重型运输车所过之处俨然就是一条黑龙！石黄、青银、邢汾等高速公路，作为国家运煤通道，更是重大空气污染源。连接晋、鲁，贯穿河北省的308国道拓宽改造已经完成，河北省又多了一条大型柴油运输车的免费通道。尤其是，河北省农村广泛使用的时风、五征等品牌三轮车，多以柴油为动力，行驶中也常冒出大量黑烟。一辆满负荷载重的柴油三轮车，行驶在乡村公路或田间地头，有时就是一个移动的黑烟囱。农用拖拉机、收割机、挖掘机、摩托车等也不同程度存在这一问题。在京津冀农村大力推进“煤改电”“煤改气”，城镇机动车限行的背景下，这些污染也不能听之任之。

大力开展重型柴油车污染治理工作。公安、环保、交通、城管等部门，要根据有关法律文件精神，联合上路执法，在重型运输车辆通行的主干道和主要入市口设卡严查，从重从严查处超标重型柴油车，该限期整改的限期整改，该停运的停运，该罚款的罚款。要在途径京津冀的运煤通道，包括高速公路和国道省界处的现有治超站，加派环保专员，携带检测设备，进行专项检测，杜绝重污染车辆进入京津冀。国家有关部门要进一步明确排放标准和整改处罚条件与办法，并在京津冀主要媒体（网站）、主要交通要道、检测站点等场所宣传。

加快农用柴油车换代升级。柴油车是机动车治污的“硬骨头”。老旧柴油农用车涉及农民切身利益，解决问题要有紧迫性，也要有可行性。这离不开技术攻关。建议国家有关部门，对时风、五征等生产厂家提出改进要求，提高其产品环保标准，并派专员到主销区进行巡回免费驾驶维护指导。柴油三轮车虽有污染，但功率大、载重多，田间地头可以行驶，能够满足农民需要，而电动三轮车普遍功率低，因此要鼓励研发大功率、价格低的农用电动三轮车。还要做好统计摸底，搞好宣传发动，鼓励以旧换新，加快农用三轮车油改电、油改气步伐。

不断提高油品质量。油品质量决定污染程度，是管控重型车污染的咽喉。

要加大监督，管好炼油厂和加油站杜绝低质柴油入市，并不断加大油品升级步伐，确保重型柴油车国六标准全面实施。农用拖拉机、挖掘机等柴油动力车用油标准要逐步提高到国五标准，重污染天气时，可对达不到国五标准的重型柴油车限号、限行、禁入。

（三）消除老盲区，全力打好城镇家庭厨房油烟歼灭战

如果说老旧农用柴油车是许多农村治理空气污染的一块难啃的硬骨头，那么家庭厨房油烟则是城镇，尤其是京津和我省市镇长期存在，且至今尚未开展治理的环保盲区。它涉及人口更多，治理紧迫性更强，必须在市民理解基础上，科学有效、循序渐进地加以治理。

厨房油烟危害不可小觑。厨房油烟含有醛、酮、醇及其衍生物、多环芳烃、杂环胺类等多种有毒化学成分。其毒性主要有肺脏毒性、免疫毒性、致突变性等，这些都严重威胁人们身体健康。厨房油烟吸入人体后，对肠道、大脑神经的危害明显，会引起食欲减退、心烦、精神不振、疲乏无力等症状，医学上称油烟综合征。油烟中的苯并芘，可致人体细胞染色体损伤，诱发肺癌。同时，它还会损害人的面部肌肤和感觉器官，引起鼻炎、气管炎、咽炎等呼吸疾病。经常做饭的人，会使面部皮肤因子活性下降，变得灰暗粗糙，充满皱纹。

一家一户油烟污染微不足道，累加起来就成了天文数字。笔者曾选择一个面积100平方米、高3米的住宅做实验。关闭门窗和油烟机后，利用管道天然气，使用普通食用油和葱、姜、醋、酱油、十三香、味精等佐料，模拟普通家庭午餐，做了两菜一汤——芹菜肉、西红柿鸡蛋和紫菜汤。做好后，整个房间内充满刺鼻、辣眼、难闻的油烟，PM2.5浓度超过国家规定的115 $\mu g/m^3$～150 $\mu g/m^3$中度污染标准。也就是说，一顿三口之家的普通午餐产生了300立方米的中度油烟型污染空气。石家庄市区目前常住人口约500万，按130万个家庭单元计算，如果每家一天做两顿饭，就会产生油烟型污

染空气7.8亿立方米。石家庄市区面积455多平方千米，如果把每天的家庭厨房油烟污染空气平铺市区上空，将厚达1.7米！可见，治理已刻不容缓。京津等市区人口密度更大，问题也更加突出。

尽早启动家庭厨房油烟治理，开辟治污新战场。啃下家庭厨房油烟这一硬骨头，既要靠科技，也要靠政策。一要鼓励研发环保型家用抽油烟机。家用抽油烟机“只排不净”，而宾馆饭店的油烟净化器体积大、价格高，又不适于家庭。“环保型”抽油烟机是未来发展方向。建议设立国家“环保型抽油烟机”科技专项，面向京津高校、科研院所招标，支持价廉物美、具有“净化”功能的家用抽油烟机研发。研发成功后，要申报国家专利，并积极推广，对带头使用环保型抽油烟机的予以补贴。如果率先研制成功，并在京津冀乃至全国得到推广，除了有利于城镇空气改善外，还会形成一个类似空气净化器的新家电，催生一个新产业和新经济增长点。

二要利用好楼宇烟道。按常规设计，居民楼都建有烟道，这些烟道具有厨房油烟收集净化功能，只是不少家庭安装油烟机时，没有把抽油烟机接入烟道，而是把油烟管直接通到户外，造成油烟只排不净的结局。因此，必须把好家庭装修关，督促住户把烟机接入烟道，并做好烟道及时清洁与维护。街道社区、物业和环保等部门要齐抓共管，搞好督促检查，促进政策落地。

三要大力推进餐饮社会化。家用厨房抽油烟机无净化功能，饭店、单位食堂、中小型餐馆的设备则比较完善，国家可出台财政、税收、规划等配套政策，鼓励社区、机关企事业单位自办食堂，鼓励中小型餐馆提供早餐快餐外卖业务。调查发现，有的社区建有面向居民的公共食堂，就颇受欢迎。这既可减少油烟排放，还可增加就业，推动家务劳动社会化，提高人们的幸福指数。

四要倡导绿色饮食习惯。中华美食多数主张烹、炸、煎、烤，但这容易造成环境污染。因此，应引导人们改变饮食习惯，从根本上减少油烟排放。要搞好舆论引导，宣传油烟的危害和治理的必要性，定期发布城镇地区油烟型空气污染监测报告，不断提高市民重视程度，营造家庭厨房油烟治理的应有社会氛围和群众基础。

总之，我们一定要认真学习习近平生态文明思想，以咬定青山不放松的执着奋力实现既定目标，以行百里者半九十的清醒不懈推进生态文明建设，奋力建设美丽中国，在中华民族伟大复兴的道路上，不为任何风险所惧，不为任何干扰所惑，使燕赵大地、长城内外涌现更多的塞罕坝，祖国大江南北盛开生态文明之花。

结束语：更加自觉地学习贯彻习近平生态文明思想

在实践基础上创立的习近平生态文明思想，为推进美丽中国建设、实现人与自然和谐共生的现代化提供了科学指引和根本遵循。2012年11月，党的十八大胜利召开，在以习近平同志为核心的党中央坚强领导下，中国特色社会主义进入新时代。2017年10月24日，党的十九大胜利闭幕，将习近平新时代中国特色社会主义思想确立为党必须长期坚持的指导思想。2022年10月召开的党的二十大，是在全党各族人民迈上全面建设社会主义现代化国家新征程、向第二个百年奋斗目标进军的关键时刻召开的一次十分重要的大会，从战略全局深刻阐述了新时代坚持和发展中国特色社会主义的一系列重大理论和实践问题，科学谋划了未来一个时期党和国家事业发展的目标任务和大政方针，在党和国家历史上具有重大而深远的意义。在中华民族走向伟大复兴的壮阔征程上，焕发强大真理力量和独特思想魅力的习近平新时代中国特色社会主义思想，如同耀眼的火炬，照亮亿万中华儿女建设美丽中国的前行道路。

党的十八大以来，以习近平同志为核心的党中央坚持把马克思主义基本原理同中国具体实际相结合、同中华优秀传统文化相结合，高度重视生态文明建设和环境保护工作，把生态文明建设作为统筹推进“五位一体”总体布局和协调推进“四个全面”战略布局的重要内容，系统总结古今中外生态环境发展变迁的经验教训，立足新时代生态文明建设实践，高瞻远瞩、不懈探索，深刻回答了为什么建设生态文明、建设什么样的生态文明、怎样建设生态文明等当前和今后一段时间，我国生态文明建设必须回答的重大理论和现实问题，形成了习近平生态文明思想，把我们党对生态文明建设规律的认识提升到一个新高度。习近平生态文明思想是习近平新时代中国特色社会主义思想的重要组成部分，有力指导生态文明建设和生态环境保护取得历史性成就、发生历史性变革。

2018年5月18日至19日，全国生态环境保护大会在北京召开。这是党的十八大以来，我国召开的规格最高、规模最大、意义最深远的一次生态环境保护会议。习近平总书记在大会上发表了重要讲话，系统阐释了新时代我国“生态文明建设”的历史任务、明确了战略部署，为我国生态文明建设工作划定了时间表和路线图。会议最大亮点和取得的最重要理论成果，是确立了习近平生态文明思想及其在我国生态文明建设中的指导地位。习近平生态文明思想的确立，为十八大提出的建设美丽中国的宏伟目标提供了理论指南，是我们每一个希望祖国江山更加秀丽、环境更加优美的中国人必须认真学习、深刻领会的宝贵精神财富。

党的十八大以来，以习近平同志为核心的党中央先后提出了一系列原创性的新思想、新理念、新举措，作出了一系列重大战略部署，谋划开展一系列根本性、开创性、长远性工作，就生态文明建设发表了一系列重要论述，推动生态文明建设和生态环境保护从实践到认识发生历史性、转折性、全局性变化，美丽中国建设取得举世公认的历史性成就。

习近平生态文明思想，内涵丰富，博大精深。习近平生态文明思想聚焦人民群众感受最直接、要求最迫切的突出环境问题，深刻阐述了生态兴则文明兴、人与自然和谐共生、绿水青山就是金山银山、良好生态环境是最普惠

◎ 美丽中国在行动——涞源公园一角

的民生福祉、山水林田湖草是生命共同体、用最严格制度最严密法治保护生态环境、建设美丽中国全民行动、共谋全球生态文明建设等一系列新思想新理念新观点，对生态文明建设进行了顶层设计和全面部署。深刻揭示了人类社会发展进程中经济发展与环境保护的一般规律。习近平生态文明思想是习近平新时代中国特色社会主义思想的重要组成部分，为实践中我们怎么处理保护与发展、各地怎么发展和生态恢复，提供了强大的理论支撑和实践指导，是我们保护生态环境、推动绿色发展、建设美丽中国的强大思想武器和根本遵循，也是马克思主义关于人与自然关系理论的最新成果。

旗帜指引方向。习近平生态文明思想深刻揭示了人类社会发展进程中经济发展与环境保护的一般规律，是习近平新时代中国特色社会主义思想的重要组成部分，是对党的十八大以来习近平总书记围绕生态文明建设提出的一系列新理念、新思想、新战略的高度概括和科学总结，为开创我国绿色发展的新局面提供了强大的理论支撑和实践指导，是推动生态文明和美丽中国建设的根本遵循，是马克思主义关于人与自然关系理论的最新成果，承载着几代中国共产党人建设美丽中国的初心。我们要以习近平生态文明思想为方向指引和根本遵循，自觉把经济社会发展同生态文明建设统筹起来，坚决摒弃以牺牲生态环境换取一时一地经济增长的做法，坚决打好污染防治攻坚战，推动形成人与自然和谐发展现代化建设新格局，不断满足人民日益增长的优美生态环境需要，努力打造青山常在、绿水长流、空气常新的美丽中国。

学习习近平生态文明思想，意义深远，责任重大。要认真学习领会习近平生态文明思想，切实增强做好生态环境保护工作的责任感、使命感。要推动习近平生态文明思想入心、入脑、见行动，使之成为广大干部群众打赢“蓝天、碧水、净土”保卫战政治上的主心骨、思想上的定盘星、行动上的指南针。这既是我们全面建成小康社会、建设美丽中国的需要，也是建设富强、民主、文明、和谐、美丽的社会主义现代化强国，实现中华民族伟大复兴中国梦的必然。要深刻把握“创新、协调、绿色、开放、共享”发展理念，坚定不移走生态优先、绿色发展新道路；深刻把握良好生态环境是最普惠民生福祉的宗旨精神，着力解决损害群众健康的突出环境问题；深刻把握山水林田湖草是生命共同体的系统思想，提高生态环境保护工作的科学性、有效性。

学习习近平生态文明思想，要把学习的重点放在新时代我国生态文明建设面临的形势与任务的科学判断上。既要看到经过多年的努力，特别是党的十八大以来的精心部署和铁腕治理，我国生态环境出现了持续好转的喜人局面；同时更要看到，我国生态文明建设成效还不稳固，仍然要紧密结合“三期叠加”①的特点和机遇，踏石留印，抓铁有痕，确保到2035年，我国基本实现社会主义现代化时全国生态环境根本好转，美丽中国目标基本实现。

学习习近平生态文明思想，关键要坚持理论联系实际。通过实践学懂、

◎ 河北白石山无限风光在险峰远眺

①2018年5月18日至19日，习近平总书记在全国生态环境保护大会上指出，我国生态文明建设正处于“压力叠加、负重前行的关键期，已进入提供更多优质生态产品以满足人民日益增长的优美生态环境需要的攻坚期，也到了有条件有能力解决生态环境突出问题的窗口期”。

弄通、做实，把学习所得融入新时代中国生态文明建设的伟大实践中，按照习近平总书记要求的那样，下大力气围绕突出环境问题，在打赢蓝天、碧水、净土保卫战，农村人居环境整治三年行动，柴油货车污染治理，城市黑臭水体治理等行动中学习贯彻，以点带面，全面推进习近平生态文明思想的贯彻执行，达到加深理解，提高认识的目的，不断增强建设美丽中国的思想自觉、行动自觉。

生逢盛世干劲足，美丽中国正当时。大自然是我们的故乡，美丽中国的愿景让我们神往。让我们携起手来，全民共同行动，在以习近平同志为核心的党中央坚强领导下，深入贯彻学习习近平生态文明思想，增强“四个意识”、坚定“四个自信”、做到“两个维护”。胸怀“国之大者”，保持加强生态文明建设的战略定力，加强生态文明建设理论的宣传教育，推动绿色发展理念深入人心，以“踏平坎坷成大道，斗罢艰险又出发”的顽强意志，锲而不舍，久久为功，打好蓝天、碧水、净土保卫战。切实把生态文明的各项工作做实做好，促进全国生态环境持续改善，努力建设人与自然和谐共生的现代化强国，以生态文明建设的优异成绩，实现中华民族永续发展，迎接中华民族伟大复兴时刻的早日到来！

附　　录

哲学告诉我们，思想来源于现实，但一切的发展与进步又有其过去的基础和踪迹可查。比如本人关注环境问题由来已久，世纪之初即在清华大学举办的一次研讨会上提出建议把生态文明作为我国社会文明进步的重要目标，2009年出版了学术专著《环境友好论：人与自然关系的马克思主义解读》。只是在上述专著的撰写过程中，深感"全球变暖"是一个值得研究的命题，于是对此进行了进一步的探讨，形成的拙作《全球气候变暖及相关命题真伪考》后来被《江西师范大学学报》刊用。该文以竺可桢先生的大作《中国近五千年来气候变迁的初步研究》为基础，吸收近年相关文献研究思考而成。该文认为"全球变暖"是个似是而非的命题，历史、科学与现实依据均不足。现在既不是历史上最热的时期，也不是最冷的时期，所谓的"极端天气"历史上都屡次出现。且全球变暖危害可控，也有好处，汉唐盛世都是建立在气候暖湿、无霜期延长的气象时代。因此，提出我国生态文明建设的重心任务应该是治污，防止大气、水和土壤"变脏"，也就是防止他们变得有毒有害。现实中应多用"气候变化"，慎用甚至不用"变暖"提法。鉴于该论文内容尚属小众，且事关如何看待现代生态问题，于是决定把它附录于此。

第42卷第3期 江西师范大学学报(哲学社会科学版) Vol. 42 No. 3
2009年6月 Journal of Jiangxi Normal University(Social Sciences) Jun. 2009

全球气候变暖及相关命题真伪考

刘书越
(河北省社会科学院,河北 石家庄 050051)

摘要:气候变化、全球变暖不仅作为环境问题成了全球热点问题,而且已经上升到了经济、政治等领域。对于全球变暖及温室效应,国内外科学界都有不同看法。从历史、现实和科学的角度看,全球气候变暖这一观点难以成立。即使全球气候真变暖,也是利弊都有,不必恐慌。一味宣传全球变暖,危害很大。而应把厉行节约、遏制全球"变脏"作为环保的主要目标,并坚持以科学的态度,全面客观地介绍各种观点与现象。

关键词:全球变暖;温室效应;环境保护;真伪

中图分类号:X22 **文献标识码**:A **文章编号**:1000-579(2009)03-0067-05

Global Climatic Warming and the Research about True and False of Interrelated Issue

LIU Shu-yue
(Hebei Academy of Social Sciences, Shijiazhuang, Hebei 050051, China)

Abstract: Now, the climatic change and global warming not only become the hotspot problems in the environment, but also extend into the economic, political and international area. But scientific community at home and abroad has not agreed on the view of global warming and greenhouse effect. They are difficult to be prove to be true in the history, realistic and scientific point of view. Even if the globe is getting warmer, it has the advantages and disadvantages effects. So it is not necessary for us to be frightened out of our wits. It does harm us to publicize global warming blindly. We should strictly enforce save and hold back the pace of getting dirty of the globe, and regard them as the goal of the environmental protection. We should comprehensively and objectively introduce all kinds of viewpoints and phenomenon in the science manner.

Key words: global warming; greenhouse effect; environmental protection; true and false

如今,环境保护受到了世界各国的高度重视,其中的一个重要议题就是全球变暖命题。近来颇为流行的观点是:由于污染加剧和二氧化碳排放量急剧增加,导致了全球变暖,随之而来的是冰川融化、干旱、极端气候增加等,最终将导致海平面上升、物种灭绝、人类生存受到威胁,甚至80年后人类有可能灭亡！[1](P317)笔者在撰写《环境友好论》[2]的过程中,却看到了不少与上述主张截然相反的观点。由于感到这些观点没有得到应有的关注,致使全球变暖这一命题的宣传,在国内外媒体上出现了几乎一边倒的不正常现象。笔者在此抛砖引玉,提出一孔之见,以期引起社会各界重视,并得到指教。

一、全球变暖:一个似是而非的命题

国内外主流媒体认为,地球正在变暖,如果任其发展,不加制止,人类将面临毁灭性的灾难。其实,全球变暖是一个依据不充足,与科学、历史和现实都存在很大矛盾的命题。

收稿日期:2009-04-18
作者简介:刘书越(1966-),男,河北清河人,法学硕士,河北省社会科学院研究员。

(一)国内外不少学者提出了与全球变暖截然不同的看法

他们认为地球气候变化有一个周期,历史上的气候变化波动幅度远远大于今天,现在既不是历史上最热的时候,也不是最冷的时候。比如,我国气象学的奠基人竺可桢先生早在1972年就在《中国近五千年来气候变迁的初步研究》[3](P449－482)一文中,提出我国近5000年来的气候,经历了四个温暖期和四个寒冷期,其中第一个温暖期,一月份温度大约比现在高3至5度。今人通过研究也得出了相同结论,在此不详述。[4]刘东升院士的看法就很有代表性,他说:"现在有很多人关心这样一个问题:未来若干时间内,地球是继续变暖,还是变冷,进入一个新的冰期?……我们会继续处于气候变暖的间冰期,还是要进入渐渐变冷的新的冰期,现在还无法肯定。"在此,他"无法肯定"全球将变暖还是变冷,并指出:"地球系统的复杂性——我们知道的比我们需要知道的少得多。"[5](P37)

国外学者的观点,更是立场鲜明。不少美国科学家认为,全球气候正在变暖证据不够。[6]如,美国有学者认为,全球变暖是一个毫无来由的恐慌,是一个大骗局,温室效应理论不科学,地球气候有一个1500年的波动变化周期,人类对气候的影响微不足道,全球变暖并非人类末日将至,全球变暖将导致海平面上升、物种灭绝、饥荒等灾难的说法均没有科学依据。[7]瑞典地质学家兼物理学家尼尔斯—阿克塞尔·默纳,曾经出任国际第四纪联合会(INQUA)国际海平面变化委员会主席。他认为,气候变暖导致海平面上升是世纪谎言。①他在过去35年里对全球的海平面进行了研究。他发现,过去50年来,海洋水位只是按照自然规律时升时降,平均水位没有上升过,他预言海平面在本世纪内上升不会超过10厘米,即使把未知之数计算在内,最高幅度也只会有20厘米,最低幅度则是零。他之所以断定海平面上升的说法大谬不然,是因为那些科学家的预测来自计算机模型,他的预测却是实地考察的结果。默纳出任国际海平面变化委员会主席时曾带领专家小组前往马尔代夫和图瓦卢进行考察,结果证实马尔代夫的海平面50年来没有上升过,图瓦卢的海平面更是比数十年前更低。他们还发现亚得里亚海的水位并没有上升,只是水城威尼斯正在陆沉而已。默纳说,联合国政府间气候变化专门委员会(IPCC)的研究带有严重的误导性质,人造卫星取得的数据也没有显示水位上升的趋势。另外,默纳对IPCC最近发表的报告进行了调查,竟然发现有份报告的22名撰写者中竟没有一个是海平面专家。

又如,俄罗斯科学院天文观测总台的科学家们表示,太阳活动决定地球温度变化,太阳光照度存在着11年周期和世纪周期波动规律。这个规律影响全球气候变化。近年来人们过度关注人为活动对气候的改变,而忽略了太阳活动对地球气候的影响。如今,太阳光照强度最强周期已经接近尾声,太阳活动即将进入一个"衰弱期",太阳内的核聚变反应有所减弱,太阳辐射为此会有所减弱。大约从2012年开始,全球气温可能开始缓慢下降。他们说:"根据我们的研究结果,到本世纪中期地球气候将进入全球变冷时期,而从22世纪初期开始,全球气候变暖周期又将重新来临。从历史来看,地球气候也是有一个变暖、变冷不断循环的周期。这与太阳活动的周期完全一致。"[8]

大量历史事实也证明了上述观点的正确性。如我国北方不少地方发现大象化石,就说明当地曾出现过类似于亚热带的气候。其实,只要翻开任何一本县志,就会发现,在几百甚至上千年的历史上,现在所谓的极端气候,包括被视为全球变暖证据的天气现象,比如炎热、奇寒、大水、干旱、大风、雪线上升等都曾多次发生。笔者以为,只要地球气候变化的幅度没有超出历史上的最大值,似乎就难以得出全球变暖的结论。至于把今天出现的这些天气现象归于人类活动所致,更是没有道理。在没有飞机、汽车,社会生产力水平极低,污染程度和人为因素引起的二氧化碳排放量与现在无法相比的古代发生过的天气现象,现在发生的话,就不必惊慌失措、杞人忧天,更不能把古代发生的这些现象看作自然本身所致,而今天发生的同样的气象归于人类活动所致。

(二)全球变暖对人类生存与发展的影响并非一无是处

人类是怕冷不怕热的,严冬是使人类站在地狱边缘的灾难。汉语中的"严冬"从来都是形容困难和灾难的。今天人们在形容企业面临金融危机的困难时,就爱用"过冬"一词。应该看到,假使全球真变暖,那对包括中国人在内的全人类来说也是利弊兼有。中华文明的曲折发展历程就说明了这个道理。唐朝的繁荣,是以当时我国气候处于暖湿期为背景的。[9]唐朝的兴衰与气候有着密不可分的联系。在唐朝统治的近300年中,大雪奇寒和夏霜夏雪都比较少,属于中国历史上的第三个温暖期。随着气候变暖,加上一些人为因素,唐朝农牧业界线北移,这使边防有了当地的给养支持,军事防御更稳定,北方游牧民族也不敢轻易南下。而气候变冷往往引起社会动荡,包括农民起义,造成王朝覆灭。李自成起义就与明末进入冷干期有关。因此,有学者指出:"中国历史上的暖湿期,大部分是国家统一的强盛时期;相反,干冷期则大多是国家分裂、政治多元时期。"[4]

我们知道,为了御寒,全球每年光是取暖需要的能源就消耗巨大。寒冷导致的农作物歉收,畜牧业受影响导致的肉类供应减少,对人类食品安全始终是巨大威胁。严寒导致的风雪阻断交通和电力,更会给人类带来巨大灾难。2008年初

① 此处及后面关于瑞典这位学者的资料均见2009年3月31日中新网,《瑞典学者:气候变暖导致海平面上升是世纪谎言》一文。

中国南方遭受的冰雪灾害造成的直接经济损失高达上千亿元人民币，上百人死亡。[10] 同时，假设全球变暖，我国广大的北部地区，无霜期将延长，农业生产将直接受益。据气象学家推算，年平均气温相差1度，农作物生长期要相差15～20天，降雨量也要相差50～150毫米，相当于南北方向上位移250公里。若年平均气温升高2度，那就意味着黄河流域的气候条件与现在长江流域相当。美国学者认为，全球气温上升1度，经济效益也跟着上升，世界平均气温下降1度，全球产值就减少70亿美元。[11] 确实，我国大东北如果出现"热夏"，则可多收粮食几百亿斤。在人均耕地日益减少，食品供给压力越来越大的中国，当然全球变暖可能会给沿海的一些三角洲地带带来一些问题，但是如果我们的大东北、山西、河北北部坝上一带都能够一年两熟，我国农业肯定要登上一个大的台阶，耕地紧张矛盾可能就会缓解。北方农民为提高地温、增加生长期而使用塑料薄膜、修大棚，由此形成的白色污染、资源浪费与成本增加等，也将大为改观。其实，假设全球即使真变暖，并导致海平面上升，我们也不必惊慌失措，完全可以通过加高海堤来解决。据经济学家茅于轼推算，[12] 我国有18000万公里海岸线，修1米海堤按人民币1000元计算，180亿元人民币即可，这仅仅相当于苏州市半年的税收额。我们应该把极端气候称作不理想气候。况且工业革命以前的，或者几十年以前的气候就是理想的吗？

笔者以为，全球正在变暖并将给人类带来巨大灾难这一来自国外的主张之所以出现并流行，与其生活环境相关。欧美国家经济发达，环保技术先进，急需开拓国外市场，再加上境内重工业少，污染不严重。同时，其社会福利好，冬天基本不存在挨冻问题，工薪族都可以在冬季到热带岛国旅游度假，加上受宗教影响，忧患意识强，经常发出某某事将使人类面临生存危机的警世预言。他们提出全球即将变暖，人类将面临灭顶之灾的呼声也就不足为怪了。宣扬中的"变暖"要影响全球，他们的"变脏"已成为过去，别国的"变脏"目前还没影响到他们，致使他们对全球"变暖"的关注远远超过对全球"变脏"的关注。其中，还有利益影响立场的问题，就好比安徒生笔下卖火柴的小女孩肯定是盼望暖冬一样！如那位瑞典学者，在出任国际海平面变化委员会主席时，曾带领专家小组经过考察证实马尔代夫的海平面50年来没有上升过，但当局却出于争取国际援助等原因禁止他们公布这一发现。因此，对国外的提法，我们要动脑子思考一下，要看到其中的利益问题。

（三）一味宣扬全球变暖危害大

环境问题将导致全球变暖观点的广泛传播，一方面误导了人们对冬季生活的必要的心理预期与物质准备，使人类失去对"变冷"的应有重视，将会给人类带来难以预料的灾难。2008年初我国南方冰冻雨雪灾害就证明了这一点。应该承认正是暖冬论调，让人们放松了警惕，从而加重了损失程度！甚至就在那次大自然"翻脸"前不久，一些专家还在宣称2008年是暖冬。"暖冬"之所以能成为"定论"，与近年的热词"全球变暖"紧密相联。近年来，"全球变暖"在媒体的持续报道下，越来越为公众关注，特别是当"全球变暖"与"人类活动"被说成有着紧密关系时，这个话题更是升级成政治和经济层面的重大话题。其实，2008年初的这种冷冬50年就会发生一次。据历史记载，在我国处于寒冷期时，江苏、浙江之间拥有2250平方公里的太湖不仅全部结冰，而且冰的坚实足可以通车。并且，这种导致太湖结冰，厚达数尺的严寒，历史上仅有文字记载的就有三次。[3] (P464) 2008年初的冰雪简直是小巫见大巫。另一方面，把本应以遏制全球变脏作为的环保目标，锁定为变暖，也分散了环保的注意力，使人们没有聚精会神地去抓污染，导致许多地方的空气、水、土地等污染日益严重。似乎只要全球不变暖，污染严重也无妨！干一项工作，如果目标、方向错了，效果可想而知。

二、温室效应：一个值得推敲的理论

当前的主流媒体认为，温室效应是全球变暖的原因。他们所谓的温室效应，是指大气中某些气体含量增加，引起地球平均气温上升的现象。大气中能产生温室效应的气体已经发现近30种，这些气体称之为温室气体。在产生温室效应的原因分析中，二氧化碳(CO_2)大约起66%的作用，其次，甲烷(CH_4)和氟利昂(即氯氟烃CFCS)各起16%和12%的作用。因而，CO_2是造成温室效应最重要的气体。太阳辐射透过大气层，除很少一部分被吸收外，其余大部分到达地球表面，地球表面又以红外辐射的形式向外辐射，被大气中的CO_2等温室气体和水汽所吸收，从而阻止了地球热量向空间的散发，使大气层增温，增大了热效应。这种效应宛如花房温室的玻璃或塑料薄膜的覆盖层那样，它使射入温室内阳光中的红外线不易穿透此覆盖层外逸，从而使室内产生增温和保温的效应，故将温室气体的这种作用称为温室效应。[16] (P206) 人类生产生活排放CO_2等温室气体的不断增加将导致地球气温逐渐升高。这里，笔者把所见到的不同观点介绍如下。

（一）二氧化碳、灰尘等的增加不一定导致全球变暖

目前流行的观点是随着大气中烟尘、二氧化碳的大量增加，会形成一个温室效应，造成全球变暖。但是，气象物理学实验表明，温室气体的排放和大气污染物的增加，会阻挡阳光接触地表，减弱阳光能量，地球表面因缺乏应有的日光照射而趋冷，这就是"全球变冷"的一般性解释。[10] 据刘东升院士讲，[5] (P36) 人们从冰芯里面了解到过去42万年以来二氧化碳、甲烷的含量随时间的变化情况，在1万年甚至10万年尺度上，二氧化碳的含量升高和温度升高的基本趋势可以说是一致的。这是长时间尺度上的变化规律。在短时间尺度上,如千年尺度上,比如有的研究者在800年到2000年的时段,从不同观测站测得的二氧化碳的含量结果,全球温度和二氧化碳浓度变化不一定完全同步,也就是说二氧化碳多的时候,并不一定就气温高,反之亦然。

(二)媒体上曾经广泛流行过与之相矛盾的主张

在上世纪八九十年代,国内外媒体曾多次撰文指出,如果美苏两国发生核战争,就会使全球笼罩在厚厚的烟雾之下,随着大气中烟尘、二氧化碳的大量增加,来自太阳的光线就会被挡在大气层之外,从而使全球变冷,人类进入"核冬天",这就是著名的"核冬天"理论。还有,在解释恐龙灭绝的原因时,最为流行的说法是小行星撞击地球,引起大爆炸,大量灰尘弥漫到天空,挡住了阳光,造成地球气温骤降,恐龙因严寒灭绝。都是烟尘污染,一会儿说会使全球变暖,一会儿说使地球变冷,到底哪个对?

三、结论

(一)遏制全球"变脏"应成为环保的主要目标

既然全球气候将变暖抑或变冷没有定论,而有毒有害的"变脏"却是进行时,并且"变脏"的危害是显而易见、毫无争议的。我们不能因为全球不变暖,就放任水不能饮、空气不能吸的局面出现并持续下去!坐宝马,喝污水,肯定不是人类社会的发展方向,尤其是在污染日益严重的今天,相信没有一个人希望将来人们把灌装清洁空气作为生活必需品随身携带、作为礼物赠送的恐怖社会出现!就像我们现在带瓶装矿泉水,而过去路边小渠的水就能饮用一样!可见,环保不要老拿"变暖"说事,即使全球不变暖,我们也要大力推进环保事业,积极倡导清洁生产和绿色消费。

(二)节能减排不能放松

现在,许多人都把节能减排作为遏制全球变暖的重要举措。读者可能要问,既然排放不会引起气温上升,并且变暖也是利弊各有,那我们还要节能减排吗?回答是肯定的。因为,节约是一切经济社会永恒的主题。如下几点决定了必须节能减排。一是资源的有限性。全球许多重要能源、资源都是不可再生的,尤其是煤炭、石油等。二是这些资源都是人们辛勤劳动,甚至冒着生命危险取得的,如煤炭。三是多数资源在地区、国家之间分布不平衡,需要远距离运输才能用上。我国一直是北煤南运,石油更是全世界的大宗海上与管道运输物资。最后一点,几乎所有资源的开采、加工、运输和使用都会对生态环境产生影响,尤其是作为大宗能源的煤炭、石油,在使用过程中的排放物几乎都有毒有害,包括二氧化硫、可吸入颗粒物等。总之,排放不造成变暖,人类也没有理由浪费与大肆排放。

(三)以科学的态度对待环保与气候变化

之所以提出这一点,是因为笔者感到某些主张全球将变暖的人,缺乏科学态度,抛弃了兼听则明这一获得真理的必由之路。他们不承认与自己观点不一致的历史,无视当前自然界对自己观点不利的现象。比如,据青海省气候中心监测显示,2004年以来,青海湖面积不断增大,水位持续上升。2005年至2008年,青海湖水位上升近50厘米,水域面积扩大了132平方公里。专家预测,青海湖出现的水位上升将在未来20多年中延续,水位极有可能在2030年左右恢复到上世纪70年代的水平,比目前升高3米多。对于这种与他们说的干旱加剧相矛盾的事实,没见一个主张全球变暖的人出来解释。甚至有专家面对2008年初北半球地狱式严寒,还说这是在全球变暖的背景下发生的,是全球变暖的结果。[15]他们对那些与自己观点相反的研究结论视而不见、从不介绍。比如,据报道,英国皇家海军南极勘察船"忍耐号"上进行科考的一只研究队伍在南极海域有了新的发现:当冰山消融的时候,就有铁质颗粒被释放进海洋里,铁质颗粒是海藻的营养物质,海藻的生长能够吸收大量的二氧化碳,海藻然后沉入海底,将有害的温室气体在深海里羁留数百年。科考队认为这一过程能够阻止或者推迟全球气温上升。[16]至于中国科学院广州地球化学所教授匡耀求曾三度预测2008年为冷冬,而无人理睬的事情,[17]更让我们付出了沉重的生命与经济代价!出现上述问题,当然与媒体为了吸引人的眼球有关,也与人们科学精神缺乏密不可分。环保无论多么重要,也不能违背科学瞎说!

因此,我们要提高气象与环境报道的科学性、准确性,向公众提供全面客观的事实与知识,把全球是否变暖这一问题的各种观点全面、充分、客观地介绍给民众,让民众去分辨,从中普及科学方法,弘扬科学精神。同时,要教育公众相信科学,人类最终能够解决面临的生态环境问题,从而走上一条可持续发展道路。

参考文献:

[1][日]西泽润一 上墅勋黄.人类80年后会灭亡吗?——尽快从"CO_2"中逃离出来[M].刘文静监译.石家庄:河北教育出版社,2006.

[2]刘书越,等.环境友好论[M].石家庄:河北人民出版社,2009.

[3] 彭卫. 20世纪中华学术经典文库·历史学——中国古代史卷(下)[M]. 兰州: 兰州大学出版社, 2000.
[4] 王嘉川. 气候变迁与中华文明[J]. 学术研究, 2007, (12).
[5] 路甬祥. 科学与中国——院士专家巡讲团报告集: 第二辑[M]. 北京: 北京大学出版社, 2006.
[6] 贾鹤鹏. 全球变暖、科学传播与公众参与[J]. 科普研究, 2007, (3).
[7] [美]S. 弗雷德·辛格, 丹尼斯·T·艾沃利. 全球变暖——毫无来由的恐慌[M]. 林文鹏, 王臣立译. 上海: 上海科学技术文献出版社, 2008.
[8] 青云. 当极地变暖时[J]. 青少年科技博览, 2007, (1-2).
[9] 张有堂, 徐银梅. 唐朝水旱灾害对社会经济的影响[J]. 宁夏大学学报, 1997, (3); 孟昭华. 中国灾荒史记[M]. 北京: 中国社会出版社, 1999.
[10] 和静钧. 北半球"地狱式寒冬"的昭示[J]. 南风窗, 2008, (5).
[11] 谢庄永. 1℃要值多少钱[J]. 读者, 2007, (23).
[12] 茅于轼. 气候变暖与人类的适应性——气候变化的物理学和经济学分析[J]. 绿叶, 2008, (8).
[13] 蔡拓. 当代全球问题[M]. 天津: 天津人民出版社, 1994.
[14] 青海湖水位连续4年上升[OB/OL]. 新华网, 2009-02-21.
[15] 刘毅, 尹世昌. 气温偏低和降水偏大是造成灾害天气的原因[N]. 人民日报, 2008-01-29.
[16] 英科学家发现地球可自救, 海藻可延缓气候变暖[OB/OL]. 人民网, 2009-01-05.
[17] 教授三度预测去年为冷冬无人理睬, 担忧寒带南移[OB/OL]. Sohu. com, 2008-03-11.

主要参考文献

[1] 中共中央马克思恩格斯列宁斯大林著作编译局. 马克思恩格斯选集：第三卷 [M]. 北京：人民出版社，2012.

[2] 中共中央文献研究室. 习近平关于社会主义生态文明建设论述摘编 [M]. 北京：中央文献出版社，2017.

[3] 习近平. 推动我国生态文明建设迈上新台阶 [J]. 求是，2019 (3).

[4] 习近平. 决胜全面建成小康社会夺取新时代中国特色社会主义伟大胜利 [R/OL]. (2022-01-03) [2017-10-27]. http://cpc.people.com.cn/19th/nl/2017/1027/c414395—29613458.html.

[5] 习近平. 习近平谈治国理政：第二卷 [M]. 北京：外文出版社，2017.

[6] 中共中央、国务院. 关于全面加强生态环境保护　坚决打好污染防治攻坚战的意见 [EB/OL]. (2022-1-19) [2018-6-24]. http://www.gov.cn/zhengce/2018-06/24/content_5300953.htm.

[7] 中共中央宣传部. 习近平新时代中国特色社会主义思想三十讲 [M]. 北京：学习出版社，2018.

[8] 李捷. 学习习近平生态文明思想问答 [M]. 杭州：浙江人民出版

社，2020.

[9] 潘家华，等. 生态文明建设的理论构建与实践探索 [M]. 北京：中国社会科学出版社，2021.

[10] 单锦炎. 行走在美丽之间：美丽中国的吉安实践 [M]. 北京：人民出版社，2014.

[11] 田军，刘海莹. 绿色明珠塞罕坝：塞罕坝主题散文选 [M]. 北京：中国林业出版社，2012.

[12] 国家林业局宣传办公室，国家林业局场圃总站. 绿水青山生态脊梁 [M]. 北京：中国林业出版社，2016.

[13] 全国干部培训教材编审指导委员会. 推进生态文明建设美丽中国 [M]. 北京：人民出版社、党建读物出版社，2019.

[14] 刘书越，吕文林，郭建. 环境友好论：人与自然关系的马克思主义解读 [M]. 石家庄：河北人民出版社，2009.

[15] 刘书越. 读懂生态文明范例：塞罕坝告诉我们什么？[M]. 石家庄：河北科学技术出版社，2019.

后　　记

常言道，万事开头难。其实，现实生活中有时不尽然，一些事情结束的时候也必须认认认真，甚至要怀“行百里者半九十”之心。这不，如今到了本书即将付梓，需要撰写“后记”的时候，我怀着欣喜又慎重的心情，决定再写几句。

如今，举世瞩目的党的二十大已经胜利闭幕，它为我们指明了前进的方向，建设现代化强国的号角已经在中华大地吹响。面对新时代、新征程，我们需要撸起袖子，风雨无阻向前行。作为社科工作者，应该勇挑重担,积极有为。笔者首先感到，要巩固十八大以来我国生态治理成果，实现生态持续向好，必须提高全社会对生态文明的认识水平，动员全民积极参与到美丽中国建设的伟大实践之中去。因为，面对生态文明建设的繁重任务，一些人产生了“让别人去做，我搭顺风车就可以了”的心态。这些想法在认识上是错误的，实践上是有害的。事关新时代能否顺利进行的社会治理现代化、网络强国建设和道德建设等重大实践课题，同样面临宣传普及相关知识，提高广大干部群众认识的任务。这是夯实民族复兴大业的根基所在。于是，经过多次商讨谋划，决定编辑出版一套相关题材的读物，以飨读者大众。考虑到新时代生态文明、治理现代化、网络强国建设和道德建设等问题比较重要，于是决定编写“走进生态文明”“走进社会治理”“走进5G时代”“走进道德建设”几本。我们希望这些书的问世，能够对宣传相关知识理念，加快经济强省、建设美丽河北产生较大的推动作用。

最后，在本书付梓之际，我首先要感谢院领导的大力支持和我院社科联科普处的辛勤劳动。同事金红勤从本书开始的提纲谋划、资料收集到部分内容的具体撰写及全书修改完善都作了重要贡献。学兄潘保海、李玉冰等人提供的照片使拙作具备了图文并茂的特点，增色明显。同事王少军、尹渊、郭晓飞等人都曾帮助校阅书稿，付出大量心血。王少军还就提纲设置、内容完善修改等作出贡献。刘美辰则对如何在网络空间开展生态文明理念和塞罕坝精神的弘扬宣传贡献了独到的观点，补充了作者对现代科技的认识短板。对他们付出的心血，在此特加说明并致谢！

当然，由于时间紧，加之水平有限、科技与实践都在发展进步等原因，虽然倾注了大量的心血，本书仍然可能存在这样那样的不足，或者错误之处，还望广大读者、有识之士多提宝贵意见。

刘书越

2022年12月于石家庄